高 等 学 校 教 材

城市住区规划设计概论

惠劼　张倩　王芳　编著

化学工业出版社

教 材 出 版 中 心

·北 京·

本书以居民居住生活的基本需求和日常生活行为作背景，分析了居民在城市住区中的生活需求、邻里交往、日常生活行为与物质环境的关系，全面阐述了城市住区规划设计的基本原理和一般方法。本书介绍了现代城市住区规划思想与理论实践的发展历程。以邻里生活和交往为线索阐述了住区居住空间的层次结构、基本规模、空间特点和设计方法；以居民生活需求为线索，阐述了住区公共服务设施的构成布局与规划设计方法；以居民的交通行为和日常活动为线索，阐述了住区的道路系统组织和道路、停车场的规划设计方法。结合我国住区规划建设的发展，总结和阐述了住区绿化的必要性和重要性以及组织与设计住区景观的一般原则与方法。全书以"居民生活——物质构成——设计方法"的论述为特点，层次清晰，图文并茂。

本书为高等院校建筑学与城市规划专业的教材，也可供从事相关工作的管理和设计人员阅读参考。

图书在版编目（CIP）数据

城市住区规划设计概论/惠劼，张倩，王芳编著. —北京：化学工业出版社，2005.9（2020.2 重印）
高等学校教材
ISBN 978-7-5025-7687-5

Ⅰ. 城…　Ⅱ. ①惠…②张…③王…　Ⅲ. 居住区-城市规划-建筑设计-高等学校-教材　Ⅳ. TU984.12

中国版本图书馆 CIP 数据核字（2005）第 112712 号

责任编辑：王文峡　　　　　　　　　　　　文字编辑：丁建华
责任校对：陈 静　　　　　　　　　　　　装帧设计：于 兵

出版发行：化学工业出版社（北京市东城区青年湖南街 13 号　邮政编码 100011）
印　　装：北京虎彩文化传播有限公司
787mm×1092mm　1/16　印张 12　字数 290 千字　2020 年 2 月北京第 1 版第 8 次印刷

购书咨询：010-64518888　　售后服务：010-64518899
网　　址：http://www.cip.com.cn
凡购买本书，如有缺损质量问题，本社销售中心负责调换。

定　　价：32.00 元　　　　　　　　　　　　　　版权所有　违者必究

前　言

　　《居住环境规划设计》是高等学校建筑学与城市规划专业的一门重要课程。对培养学生掌握城市规划理论基础知识，具备及初步规划能力具有重要作用。

　　本书以居民居住生活的基本需求和日常生活行为作背景，分析了居民在城市住区中的生活需求、邻里交往、日常生活行为与物质环境的关系，全面阐述了城市住区规划设计的基本原理和一般方法。书中介绍了现代城市住区规划思想与理论实践的发展历程。以邻里生活和居民交往为线索阐述了住区居住空间的层次结构、基本规模、空间特点和设计方法；以居民生活需求为线索，阐述了住区公共服务设施的构成布局与规划设计方法；以居民的交通行为和日常活动为线索，阐述了住区的道路系统组织和道路、停车场的规划设计方法。结合我国住区规划建设的发展，总结和阐述了住区绿化的必要性和重要性以及组织与设计住区景观的一般原则与方法。全书以"居民生活——物质构成——设计方法"的论述为特点，层次清晰，图文并茂。

　　参加本书编写的均是多年从事居住环境规划设计教学的教师，受到老一辈教师的悉心指导和关怀，传承了他们的经验和作风。日常工作中不断学习、挖掘和阅读大量的相关书籍，交流对居住环境的认识、理解与看法，总结了一些经验，尽可能地体现到本书中。

　　本书编写分工如下：王芳编写第一、四章，惠劼编写第二、五章，张倩编写第三、六章。惠劼担任该书主编并负责统稿。

　　本书的出版得到西安建筑科技大学建筑学院、化学工业出版社的大力支持，西安建筑科技大学建筑学 2001 级的同学，特别是梁伟、王磊和赵晔协助做了住区调查等工作，一些同事和朋友给予了关心、帮助和支持，在此一并表示衷心的感谢。

　　由于编者水平有限，不当之处在所难免，恳请读者指正。

惠劼

2005 年 8 月于西安建筑科技大学

目　　录

第 一 章
城市住区规划的产生、演进与发展

第一节　现代城市住区规划的产生

城市住区是城市居民住房集中建设的区域和主要生活活动区域的总和，是人类聚居在城市化地区的居住环境。城市住区不仅是城市的主要构成部分，也是城市经济文化发展的重要基础。同时，城市住区还是人类生存和发展的一种文化表现，体现着城市文脉和生态多样性。

一、现代城市住区规划产生的历史背景

城市住区作为城市的重要组成部分，它的产生和发展始终伴随着城市的发展。现代城市住区规划的产生源于工业革命以来的城市化和由此带来的问题，其目的是追求理想的环境，创建新的家园。

（一）迅速推进的城市化

19世纪以前，工业一直是分散的，人们通常都住在劳动的地方，居住的房屋下面是工场，居住和劳动场所分区不清晰。然而，当瓦特发明的蒸汽机用作主要动力之后，这一切全改变了，使得工业和人口有可能大规模集中。煤成为工业的主要动力后，工业有向便于提供各种物资的地方集中的趋势：直接建在煤田上，然后靠近大宗运输。1830年以后，新的铁路运输网使工业的布置有了更多的灵活性。这个客观事实造成了一种新的现象：在煤田附近，或在运河和铁路交通能到达的地方，新的工业城市几年内就几乎从无到有，或者可能从一个原来是小而偏僻的村庄发展起来。很多历史上建立的中古城市，或者由于它们非常接近煤田，或者由于在通航河道上，或者由于它们在铁路通行后成了铁路枢纽，都成了新工业的主要中心。

另一方面，由于农业机械化使得农村劳动生产率更高，从而产生了大量的农业剩余劳动力，农民有更多的剩余时间去干别的工作，而这些工作大多数在城市，导致大量农村人口向城市迁移，"农村人口外流"又导致了城市的迅速发展。

（二）极端恶化的居住环境

正是由于规模的变化，人口和工业无限制的集中，产生了极端恶化的城市环境。面对这样的人口剧增，城市（尤其是那些从无到有发展起来的新工业城市）中原有的居住设施严重不足，旧的居住区不断被沦为贫民窟，出现了许多粗制滥造的住宅。正如帕特克里·格迪斯所描绘的"贫民窟，次贫民窟，超级贫民窟——这就是城市进化的过程"。

由于没有像样的公共运输系统，多数居民必须住在工厂或仓库的步行距离以内，工作地的集中也就意味着居住地的集中。因此在这样有限范围内，人口密度日趋提高，拥挤的状况日益恶化。

解决工人住房的办法很简单，有两种。一种是在原有老城镇上发展起来的工业城市，把原来一家一户的旧住宅，改成兵营式的住宅。这些改装过的住房，每一间房子可以住上全家人：3~8个人，老少几代人在一起，挤在一张草床上，使居住状况显得更加拥挤。另一种基本上是前一种下等房子的翻版，不过标准化了。它的平面布置和建筑材料，都不如前一种，而且建成了楼房，因而更加简陋与难堪。

由于对居住用地容积率的追求，导致以现在的标准衡量具有惊人拥挤程度的经济公寓的出现。1850年，在纽约和其他大工业城市，常见的工人房屋是纵向排列的一套狭小的公寓房间，在25ft×100ft（1ft=3.048m）的一块土地上建造25ft宽和75ft长，有5层至7层高的无电梯建筑，并沿整个街面建成一长排。这些单元每层有四个公寓，有一个公用楼梯。公寓内的房间一前一后建造，每个公寓只有一个房间，有一个或两个窗户可以采光和换气。在这些公寓内没有卫生设施和自来水供应，只在房间外有一个小的公用厕所，而且经常堵塞，导致环境卫生和公共健康的恶化。因此，在1/20英亩（1英亩=4.0468564224×10³m²）的土地上有超过100个人居住。

拥挤给人们不仅带来审美上和心理上的不悦，而且造成了极大的健康威胁。在有自来水供应、现代污水处理和使用抗生素前的一段时期，传染病是最大的威胁，城市的拥挤导致人们在健康上付出了巨大的成本。这些住房不仅不能满足基本的通风、采光、供水、垃圾、污水处理以及卫生保健，最基本的公共服务设施也极为缺乏，导致了传染疾病的流行。尤其是1832年、1848年和1866年席卷英国和欧洲大陆的流行性霍乱被确认是由这些贫民区和工人住宅区所引发的，使社会和有关当局惊恐，同时也引起社会各阶层人士的关注。

（三）空想社会主义

19世纪中叶，开始出现了一系列有关改善城市住房拥挤、环境恶化、探讨城市未来发展方向的讨论和实践。

近代空想社会主义者期望通过对理想社会组织结构等方面的改革来改变当时不尽合理的社会和恶劣的生活环境，代表人物有欧文（Robert Owen）和傅里叶（Charleo Fourier）等。欧文于1817年提出"新协和村"的设想，新村由800~1200个居民组成，每人占耕地面积0.4hm²。布局呈方形，沿周边布置条形住宅，围合成一个中央大院。院中央设有食堂、幼儿园和学校。傅里叶在1829年提出以"法郎吉"为单位，建设有1500~2000个居民组成的社区，废除家庭小生产，以社会大生产替代。

在当时的资本主义条件下，这些设想只能是空想，而他们的实践也只能是以失败而告终。

（四）关于城市卫生和工人住房的立法

针对当时出现的肺结核及霍乱等疾病的大面积流行，英国于1835年通过的"城市自治机构法"（the Municipal Corporations Act）建议应该在每个基层地区设立一个单独的公共卫生机构，来管理排水、铺路、清扫和供水；同时也要求他们有管理新建房屋的建设标准的权力。1848年英国颁布的"公共卫生法"，规定了地方当局对污水排放、垃圾堆集、供水、道路等方面应负的责任。由此开始，英国通过了一系列关于城市卫生和工人住房的立法，有效地推动了城市住房尤其是工人住房条件的改善。

所有这些讨论和实践，为现代城市和住区规划的形成和发展在理论上、思想上以及制度上都进行了充分的准备，奠定了坚实的基础。

二、现代城市住区规划产生的思想渊源

19世纪中后期，为克服工业化和城市化带来的弊病，改善大城市（尤其是低收入阶层）居住状况极为恶劣的社会问题，欧美各国产生了种种改革思路和理论实践。

（一）公司城镇

公司城镇（Company Town），发生于19世纪后期，缘于一个工业家把人口与工业从拥挤的城市中向外迁移，而发起的一种改善居住环境的运动。

19世纪末，当时工业的迅速发展使得少数有能力的工业家看到了把他们自己的工厂疏散到远离现有密集城市的好处。在英国，巧克力制造商G.卡特伯里（George Cadbury）在伯明翰郊外建设的伯恩维尔（Bournville）和化学大王W. H.莱佛（William Hesketh Lever）在默西（Mersey）河边伯肯黑德（Birkenhead）附近建设的阳光港（Port Sunlight，1888），都是最著名的例子。同样在美国，铁路工程师G. M.普尔曼（George Mortimer Pullman，曾经发明"普尔曼车"）从1880年开始在芝加哥外围建设了一个用他自己名字命名的样板城市。在所有这些城市，工业都是从城市、或者至少从城市的中心部分疏散出去的。在疏散出去的工厂周围建设新城，把工作与生活组织在一个卫生的环境里。从某种意义上说，它们是第一批田园城市。它们中的多数直到今天仍然是实用和比较舒适的。

（二）霍华德的"田园城市"

1898年霍华德出版了《明天：通往真正改革的和平之路》（Tomorrow：A Peaceful Path to Real Reform），提出的"田园城市"理论，对以后的城市规划和居住区规划起到了启蒙作用。

1. 霍华德的"三种磁力"图解

霍华德在书中论证了一种未来的城乡结合的形式，称之为田园城市，它兼有城乡的有利条件而没有两者的不利条件，即著名的关于三种磁力的图解。

图解（图1-1）中列出了城市和农村生活的有利条件与不利条件。

事实上，这是一个关于规划目标的极为精练而光辉的阐述。霍华德的基本意思是：现在的城市和农村都具有相互交织着的有利条件和不利条件。城市的有利条件在于有获得职业岗位和享用各种市政服务设施的机会；不利条件可以归结为自然环境的恶化。相反的，农村有极好的自然环境，但是实质上没有任何机遇。

2. 霍华德的"田园城市"

霍华德论证了一种新型的居民点——"城市-农村"或田园城市，它既体现了城市的有利条件在于"近便"，又体现了农村的有利条件在于"环境"，而同时却避免了两者的不利条件。

他认为，可以通过有计划地分散工人和他们的就业岗位来达到目的，从而把城市聚集的有利条件整个转移到新居民点上。这样所形成的新城将在旧城的正常通勤范围之外。这种新城规模很小（图1-2），霍华德建议新城容纳人口3万，周围还围绕着一个大绿带（农业用地），使人们都很容易接近绿地。霍华德建议建设一个新城必须购置土地6000英亩，其中至少拿出5000英亩作为绿带，其余的为城市用地。农业用地的面积比城市本身大4倍，这些用地和城市一起，组成功能上统一的整体。

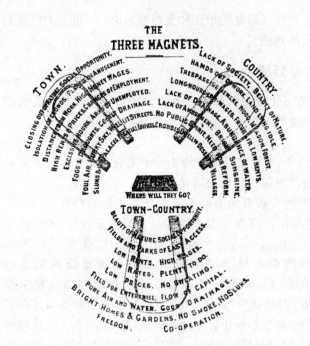

图 1-1 "三种磁力"图解

左面的磁铁：城市——远离自然，富于社会机遇；人们互相隔离；有娱乐场所；上班距离远；高工资，高租金，高物价；就业机会多；过多消耗时间；失业大军，烟雾和缺水；排水代价高；污浊的空气；朦胧的天空；照明良好的街道；贫民窟与豪华酒店，宏伟的大厦

右面的磁铁：农村——缺乏社会性；具有自然美；工作不足；土地闲置；要提防非法侵入；树木、草地、森林；工作时间长，工资低，空气新鲜；低租金；缺少排水，丰富的水；缺乏娱乐；明亮的阳光；没有集体精神，需要革新，拥挤的居住；荒芜的村庄

下面的磁铁：城市-农村——具有自然美；富于社会机遇，接近田野和公园，低租金；高工资；低税；有充裕的工作可做；低物价；没有繁重劳动；企业有发展场所；资金周转快；干净的空气和水；排水良好；明亮的住宅和花园；无烟尘、无贫民窟；自由；协作

三块磁铁中间写着："人民，他们愿去哪里?"

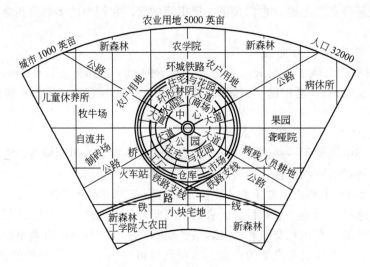

图 1-2 "田园城市"的图解（一）

(1 英亩＝4.0468564224×10³m²，下同)

田园城市的城区平面呈圆形，中央是一个公园，有六条主干道从中心向外辐射，把城市分成六个扇形地区（图 1-3）。城市的中心部分由花园和公园加上一些独立的公共建筑（市政府、音乐厅、剧场、图书馆、医院和博物馆）组成。在城市直径线的外 1/3 处设一条环形的林阴大道，应以此形成补充性的城市公园，其两侧均为居住用地。在居住建筑地区中，布置了学校和食堂。在城区最外围地区建设各类工厂、仓库和市场，一面对着环形道路的最外层，一面对着环形的铁路支线，交通非常方便。

3. 霍华德的"社会城市"

霍华德并不提倡规模小而且是孤立的新城。他认为当任何城市达到一定规模时，就应

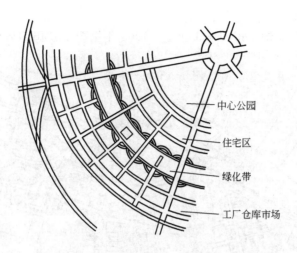

图 1-3 "田园城市"的图解（二）

该停止增长；其过量的部分应当由邻近的另一个城市来接纳。因而居民点就像细胞增殖那样，在绿色田野的背景下，呈现为多中心的、复杂的城镇集聚区。霍华德把这种多中心的居民点称为"社会城市"。霍华德还强调"社会城市"可以无限制地增长。图 1-4 中所示的是霍华德关于田园城市（或新城）的完整概念：约 25 万或更多一些人口聚集在一个组合型的城市或称城市集聚区之中。

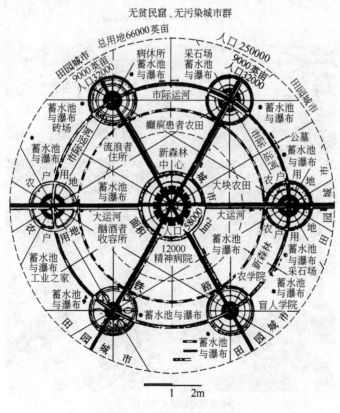

图 1-4 "社会城市"图解

（1 英亩＝4.0468564224×10³m²）

4. 霍华德的实践

霍华德于 1899 年组织了田园城市协会，1903 年组织了"田园城市有限公司"，筹措

(a) 莱契沃斯田园城市规划

(b) 从空中俯瞰莱契沃斯

图 1-5　莱契沃斯田园城市

资金和土地建立了两个田园城市——北哈德福郡的莱契沃斯（Letchworth，1903）（图1-5）和在它南面数英里的维勒文（Welwyn，1920）（图1-6）。这两个城市都是严格按照他所倡导的路线建设起来的，周围有广阔的绿带。但是两个城市都因财政困难而始终未能实现。

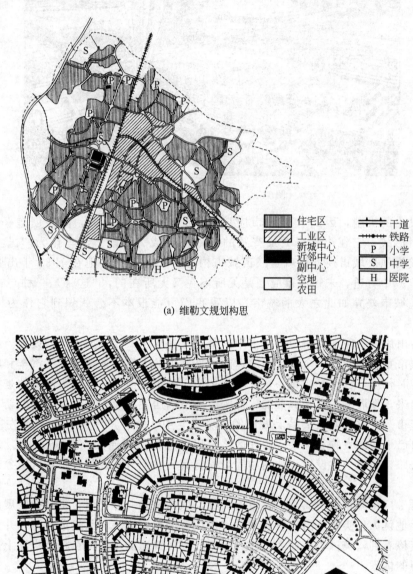

(a) 维勒文规划构思

▨ 住宅区	╫ 干道
▨ 工业区	╫ 铁路
■ 新城中心 近邻中心	P 小学
■ 副中心	S 中学
□ 空地 农田	H 医院

(b) 维勒文住宅区的一部分

图1-6　维勒文田园城市

（三）赖特的"广亩城市"

美国建筑师赖特（F. L. Wright）十分怀念工业化之前人与环境相对和谐的状态。针对现代城市过分集中而带来的城市环境的不断恶化，他于1932年提出了"广亩城市"（图1-7）的设想，是将城市分散发展思想的一种尝试。

赖特认为现代城市不能适应现代生活的需要，也不能代表和象征现代人类的愿望，

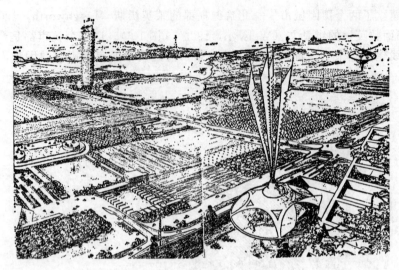

图 1-7 "广亩城市"的设想

是一种反民主的机制，因此这类城市应该取消，尤其是大城市。他要创造一种新的、分散的文明形式，它在小汽车大量普及的条件下已成为可能。汽车作为"民主"的驱动方式，成为他反城市模型也就是广亩城市构思方案的支柱。他在 1932 年出版的《消失中的城市》中写道，未来城市应当是无所不在又无所在的，"这将是一种与古代城市或任何现代城市差异如此之大的城市，以致我们可能根本不会认识到它作为城市而已来临"。

在随后出版的《宽阔的田地》一书中，他正式提出了"广亩城市"的设想。这是一个把集中的城市重新分布在一个地区性农业的方格网上的方案。他认为，在汽车和廉价电力遍布各处的时代里，已经没有将一切活动都集中于城市的需要，而最为需要的是如何从城市中解脱出来，发展一种完全分散的、低密度的生活居住就业相结合在一起的新形式，这就是广亩城市。在这种实质上是反城市的"城市"中，每一户周围都有 4m² 左右的土地来生产供自己消费的食物和蔬菜。居住区之间以高速公路相连接，提供方便的汽车交通。沿着这些公路，建设公共设施、加油站等，并将其自然地分布在为整个地区服务的商业中心之内。

赖特对于广亩城市的现实性一点也不怀疑，认为这是一种必然，是社会发展的不可避免的趋势。他认为：美国不需要有人帮助建造广亩城市，它将自己建造自己，并且完全是随意的。应该看到，美国城市在 20 世纪 60 年代以后普遍的郊迁化在相当程度上是赖特广亩城市思想的体现。

（四）勒·柯布西耶的"阳光城"

现代建筑运动的创始人之一——勒·柯布西耶（Le Corbusier），不仅是一个具有卓越成就的建筑师，创作了一系列惊人的、有着他自己个性烙印的单体建筑，同时，他还是一名杰出的城市规划家，为城市改建或新城规划做出了突出的贡献。

勒·柯布西耶关于城市规划的中心思想包含在两部重要著作之中：《明日的城市》（The City of Tomorrow，1922）和《阳光城》（The Radiant City，1933）。他的理想是在机械化的时代里，所有的城市应当是"垂直的花园城市"，而不是水平向的每家每户拥有花园的田园城市。因此，他规划的城市是"在花园中的城市"，而不是霍华德的"城市中的花园"式的田园城市。运用现代建筑设计的手法改善居住环境。具体来讲就是，利用现

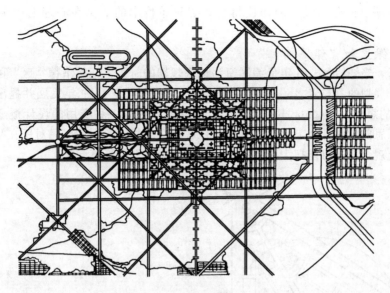

图 1-8　300 万人口城市总平面图

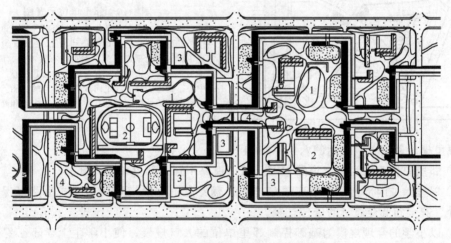

图 1-9　300 万人口城市的两个住宅组群

代科技和建筑技术，发展高层建筑，降低建筑密度、增加绿化面积、提高居住水平。他分别在两本书中，为巴黎的城市改建和对未来城市的设想绘制了美好蓝图，见图 1-8 和图 1-9。他的这种设想虽没有在巴黎实现，但为今天许多大城市的住区规划建设提供了思想基础。

三、现代城市住区规划理论的产生与发展

在霍华德 1898 年出版的关于田园城市的理论性图解中，他把城市划分成 5000 居民左右的"区"。每个区包括了地方性的商店、学校和其他的服务设施。这是产生邻里单位思想的萌芽。这种思想实质上仅仅是使那些不可能或不愿意走很远路的家庭主妇和孩子们得到日常的生活服务，而这种服务则由一个小型的、很方便的社区中心来提供。这种中心离每个家庭都在步行距离之内。根据居住密度以及合适的步行距离，决定了以几千人作为每个邻里单位居民数量的限度。由于房屋和道路都围聚于服务中心，并

且与外界有明显的分界线，因而使得住在邻里单位中的居民在心理上产生一种明确的空间界域。

（一）佩里和"邻里单位"

在美国，当20世纪20年代编制纽约地区规划的时候，把霍华德"区"的思想推进了一步。这个规划的参与者之一，佩里（Clarence Perry）于1929年发展并提出了邻里单位（图1-10）的思想（Neighborhood Unit），使它不仅只是一种实用的设计概念，而且成为一种经过深思熟虑的社会工程，通过对居住区的适当规划，帮助居民对所在社区和地方产生一种乡土观念，有可能把大城市里失去了的邻里关系再恢复起来。

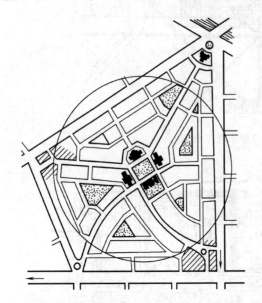

图1-10 邻里单位示意图

示意图说明了邻里单位的基本原则。邻里单位中央有一个公共中心，它的影响半径约为1/4mile（约0.4km）。邻里单位四周的干道交叉口附近，布置商业、服务设施。箭头所示为高级中心的位置：往左是公共中心，往下为事务中心。街道的宽度和走向取决于街道的功能。街道的宽度应符合街道性质和满足方便到达公共中心和商店所必需的要求

佩里提出邻里单位规划的六条原则如下：

① 邻里单位四周为城市道路包围，城市道路不穿过邻里单位内部。

② 邻里单位内部道路系统应限制外部车辆穿越。一般应采用尽端式道路以保持内部的安静、安全和低交通量的居住气氛。

③ 以小学的合理规模为基础控制邻里单位的人口规模，使小学生上学不必穿过城市道路。一般邻里单位的规模约5000人左右，规模小的为3000～4000人。

④ 邻里单位的中心建筑是小学校，它与其他的邻里服务设施一起放在中心公共广场或绿地上。

⑤ 邻里单位占地约160mile（约65hm²），每英亩10户，保证儿童上学距离不超过0.5mile（约0.8km）。

⑥ 邻里单位内小学附近设有商店、教堂、图书馆和公共活动中心。

佩里认为，在住宅附近，一定要有生活服务设施。他把设有这种设施的用地，称为"家庭的邻里"。通往这种用地的道路不应穿越交通量很大的干道，形成邻里综合体的观念，是被"汽车逼出来的"。他相信，在一个布置得当的邻里单位里，公共生活会活跃起来，居民们在利用公共生活服务设施时经常接触，就会产生邻里间的联系。

当然，建立拥有各种必要的公用生活设施的居住建筑群的问题，在建筑界的老前辈中也有人考虑过。但佩里的功劳在于他发展了这种思想，并提出了住区规划的原则。他在当时小汽车还比较少的情况下，就注意到必须预防汽车化给居民和环境带来的危害；他不仅

认为有必要建立一些带学校的住区，而且还建议把住区划分成较小的单位，并在高一级的公共中心周围组合成更大的综合体。"邻里单位"的理论，是以城市分成大小不等、相互间有等级关系的结构单元为出发点。

（二）克拉伦斯·斯泰因和"雷德朋体系"

在佩里研究制订"邻里单位"理论的时候，克拉伦斯·斯泰因（Clarence Stein）和亨利·莱特在纽约附近建立的一些集镇，又进一步发展了邻里思想。1928年他们在离纽约16mile（约25.7km）的雷德朋（Radburn）镇的规划中，提出自己的规划方法。后来，他们的做法被称为"雷德朋体系"（图1-11），并且因此而名扬四方。

0 200 400 600 800

■ 已建成的和即将建成的房屋

□ 未建的建筑

图 1-11　雷德朋镇居住区规划方案

雷德朋镇规划的人口规模为25000人。也就是说，比霍华德的田园城市稍小一点。不过，雷德朋的不同点在于，它在相当大的程度上起着一个特别郊区的作用。在它的里面，修建有独立式的小住宅和各种必需的文化生活服务机构。因为空地不足，不能在它周围建立起农田绿环。雷德朋镇距纽约的距离比莱契沃斯（Letchworth）或维勒文（Welwyn）离伦敦的距离要近得多，因此，可以考虑让居民每天乘车去中心城市工作。

克拉伦斯·斯泰因制订了以下几条规划的基本原则：

① 以没有大量汽车穿越的超级综合体取代传统的小规模建筑综合体；

② 街道按不同功能分成四类；

③ 车行和步行交通分离，建立独立的步行道网，主要的步行道和车行干道相交处采取立交；

④ 主要居室不面向街道，而面向房前小院和步行小道；

⑤ 建立具有宽阔绿带的超级综合体，并使绿带形成一套发达的渗透到整个集镇的公园体系。

无论是超级综合体还是按功能将街道分类的做法都不是什么新鲜的东西。但是，在一个大规模的居住建筑地区，把步行交通和汽车交通在一个平面上（一部分在两个平面上）彻底地加以分隔，这种做法应该认为是有一定创造性的。街道系统一分为二，一套专为汽车交通服务，另一套专为步行交通服务，这条原则后来被人们反复采用，尤其是在欧洲。

雷德朋镇的大块居住区的规划，从另一个观点来看，也可以称为创新之举。作者除了建议修建适合较小面积的独立式建筑的宅旁园地外，还规划了一些可供进行体育活动的大块公共绿地。

他们的规划方案和佩里的方案不同，相邻的地段在空间上没有明确的划分。由于车行干道可以立交，因此就没有必要把这些地段布置在被交通量很大的街道所包围的地区内。

（三）邻里单位在新城中的实践与发展

佩里的邻里单位思想以及雷德朋镇的人车分离措施被英国规划师们在新城以及二次世界大战后的城市规划中接受下来，对以后居住区规划产生了深远的影响。如英国的哈罗新城，以及后来在瑞典斯德哥尔摩兴建的魏林比卫星城，都充分体现了邻里单位的指导思想，并取得了一定的成就。

1. C. 亚历山大的"城市并非一棵树"

但是，从 20 世纪 60 年代初开始，邻里单位思想受到了一定的批判。1963 年一位年轻的英裔美国人 C. 亚历山大（Christopher Alexander）写了一篇有影响的论文"城市并非一棵树"（A City is Not a Tree）。

他提出从社会角度看，邻里单位的整个思想是谬误的：这种概念不符合现在实际社会生活的要求。随着私人小汽车的增加，人们的生活变得比过去更广泛了，人们常常开着小汽车走好几英里（1 英里＝1.609344km）去看朋友，或到他喜欢去的商店里买东西，而不愿按照规划安排的、事先设想好的、内向的、围着邻里区团团转的生活方式去生活。在任何情况下，没有一个邻里区（不论它规划得如何美好）能适合现代城市日常生活中发生的多种多样复杂的情况。因为不同的居民对于地方性服务设施有着不同的需要；因此，挑选的原则是至关重要的。

他认为，城市在自然发展的过程中往往显示出一种复杂的居住结构形式，带有交错布置的商店和学校；规划师应该把再现这种多样性和自由的选择作为目标。规划出来的物质环境，应该保证人们有最大的选择自由，能使生活尽量丰富多彩，这就意味着，必须放弃把一切可以规划的内容事先都安排妥当的那种想法，而对编制规划采取一种新的态度，在规划中要积极提供最大范围的可以预见到的和不能预见到的机会。

2. 密尔顿·凯恩斯的实践

1969 年公布的密尔顿·凯恩斯（Milton Keynes）新城的总体规划，是首先反映 C. 亚历山大思想的作品之一。

规划新城时，按过去传统的做法，活动中心是安排在邻里区的地理中心位置的。但这样安排有缺点，它限制了人们任意选择活动中心的自由，限制了社会的相互作用和影响，对不住在这个邻里区的人来说，要找到邻里区的活动中心也很困难。在规划密尔顿·凯恩斯新城时，采取了另外一种原则来克服这些缺点。

（1）活动中心安排在居住区的边缘　在大约1km²的居住区，其活动中心安排在该居住区的边缘上，在离主要道路的两个交叉口各一半距离的地方，地点适中，各方都看得见，为了安全，居住区的主要步行道从地下穿过街道［图1-12（a）］。每一个居住区有4个活动中心，距离每一家都很近，在步行距离内［图1-12（b）］。由于这些活动中心位于安全的步行道与主要道路相交叉的地点，附近地区都能利用它们，这样就加强了附近各居住区间的社会内部相互影响的作用。

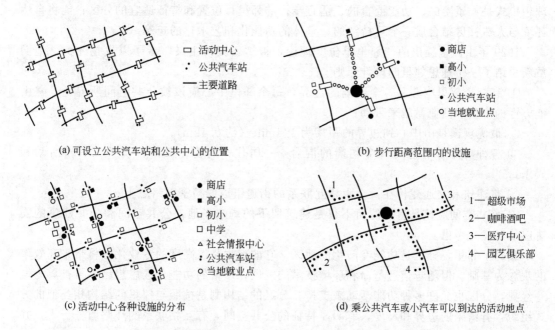

(a) 可设立公共汽车站和公共中心的位置　　　　　(b) 步行距离范围内的设施

(c) 活动中心各种设施的分布　　　　　　　(d) 乘公共汽车或小汽车可以到达的活动地点

图 1-12　密尔顿·凯恩斯新城公共站点和公共设施分布图

（2）活动中心设施内容灵活确定　每个活动中心安排哪些设施，要根据当地具体情况和要求而定。然而，所有活动中心都应设置公共汽车站，使每个家庭附近有4条公共汽车线路可供选择。每个活动中心应设初级学校（初小，供5～8岁孩子上学），这样每个家庭的小孩可有好几所离家很近的初级学校任意选择。这些中心的半数应设置中级学校（高小，供8～12岁孩子上学）。有些中心应设商店和就业点，供居民就近工作［图1-12（c）］。

诊疗所、超级市场、三个一组的中学（供1100～1400个学生上学）、保健中心以及设有专门的教育和休息设施的高级文化休息中心，这些都是为较多的人口服务的，应该分散安排在当地的几个活动中心，像其他设施一样，坐私人小汽车或微型公共汽车去，都很方便［图1-12（d）］。

密尔顿·凯恩斯新城在规划中所遵循的将活动中心安排在邻里边缘的城市道路上的原则，否定了将新城设计成分级布置结构的做法，体现了城市中各个因素和功能之间交错重叠、多种多样的关系，为现代城市住区规划思想的进一步发展进行了有益的尝试和补充。

（四）美国的新城市主义

20 世纪 80 年代末、90 年代初，基于对郊区蔓延而引发的一系列城市社会、经济、环境问题的反思，美国逐渐兴起了一个新的城市设计运动——"新城市主义"（New Urbanism）。它关心城市社区的历史延续和文化继承，对传统城镇所具有的有机性、凝聚力、协调、统一性进行肯定，并以此为模式，融入到对现代社区的建设与改造中去。其基本理念是从传统的城市规划和设计思想中发掘灵感，与现代生活特征相结合，以人们所钟爱的具有地方特色和文化气息的社区来取代缺乏吸引力的郊区化模式。

1．"新城市主义"社区的组织元素

邻里、分区和走廊是"新城市主义"社区的基本组织元素。他们所构筑的未来社区的理想模式是：紧凑的、功能混合的、适宜步行的邻里；位置和特征适宜的分区；能将自然环境与人造社区结合成一个可持续的、整体的功能化和艺术化的走廊。

1929 年由佩里提出的"邻里单位"理论，被"新城市主义"者予以发扬光大，他们重新总结了一个理想邻里的设计原则。

① 有一个邻里中心和一个明确的边界，每个邻里中心应该被公共空间所界定，并由地方性的市政和商业设施来带动；

② 最优规模是由中心到边界的距离为 1/4mile（约 0.4km）；

③ 各种功能活动达到一个均衡的混合——居住、购物、工作、就学、宗教活动和娱乐；

④ 将建筑和交通建构在一个由相互联系的街道组成的精密网络之上；

⑤ 公共空间应该是有形的而不只是建筑留下的剩余场地，公共空间和公共建筑的安排应予以优先考虑。

相对于邻里，分区是功能专门化的地区，它的建立是以高度的专业化必将带来高效率的观念为基础。但随着信息革命和环境技术的发展，严格的功能分区思想已不再被尊为惟一经典，分区也允许多种功能活动来支持，分区的结构则是按照与邻里的结构相类似的方式组织：有清晰的边界和尺度，有明显特征的公共空间，有互相联系的环路服务行人，并通过公交系统与更大的区域发生联系。

走廊既是邻里与分区的连接体又是隔离体。在郊区模式中，走廊仅仅是保留在细分地块和商业中心之外无形的剩余空间。但在新城市主义设计中，它是连续的具有视觉特征的城市元素，由与之相邻的分区和邻里所确定，并为他们提供进出路径。

2．"新城市主义"社区的开发模式

"新城市主义"关于邻里与社区的组织方式，在实践中有两种具有代表性的开发模式：一种是 Peter Calthorpe 的"以公共交通为导向的开发"，称作 TOD（transit-oriented development）；另一种是由 Andres Duany 和 Elizabeth Plater Zyberk 夫妇（合称 DPZ）所提倡的"传统的邻里开发"，称为 TND（traditional neighborhood development）。

（1）TOD 模式 TOD 模式（图 1-13）由"步行街区"发展而来，是以区域性公共交通站点为中心，以适宜的步行距离（一般不超过 600m）为半径的范围内，包含着中高密度住宅及配套的公共用地、就业、商业和服务等内容的复合功能社区。

这一发展模式包括两个层面内容：在邻里（或社区）层面上，注重营造复合功能的、适宜步行的社区环境，减少居民对小汽车的依赖程度，同时达到良好的社区生活氛围；在区域层面上，引导空间开发采用 TOD 模式，沿区域性公交干线或者换乘方便的公交支线呈节点状布局，形成整体有序的网络状结构。同时结合自然要素的保护要求，设置城市

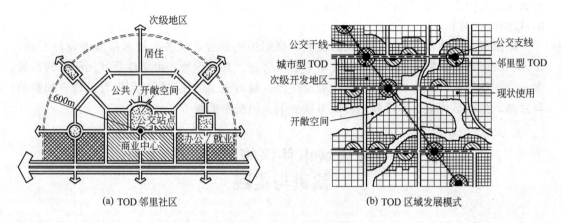

(a) TOD 邻里社区　　　　　　　　(b) TOD 区域发展模式

图 1-13　TOD 模式图解

（或社区）增长界线，防止无节制的蔓延。

　　（2）TND 模式　　TND 模式（图 1-14）则试图从传统的城市规划设计概念中吸取灵感，实践中与房地产市场相结合。其社区的基本单元就是邻里，邻里之间以绿化带分隔。每个邻里规模约 40~200mile（约 16~81hm²），半径不超过 1/4mile（约 0.4km），可保证大部分家庭到邻里公园距离都在 3min 步行范围之内，到中心广场或公共空间仅 5min 的行走路程；内部街道间距为 70~100m；住宅的后巷作为邻里间交往的场所，是设计的重点之一；会堂、幼儿园、公交站和商店都布置在中心；每个邻里都将包括不同的住宅类型，适合不同类型的住户和收入群体。

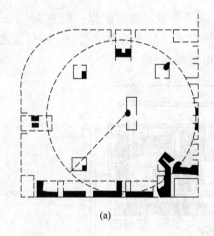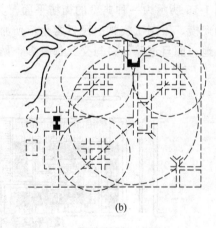

(a)　　　　　　　　　　　　(b)

图 1-14　TND 模式图解

　　与 TOD 模式所不同的是，TND 更多的是以网格状的道路系统组织邻里。DPZ 认为，紧密联系的街道网络，能为人们出行提供多种路径的选择性，减轻交通拥挤。这些网络通过降低小汽车的交通速度，使出行距离比按照等级布置的街道系统更短，让行人和自行车的运动更加容易。

　　他们所设计的最有影响力、起到主导美国"新城市主义"潮流的作品是"海滨城"。他们的设计思想和理论强调传统、历史、文化、古典主义、地方建筑传统、社区性、邻里感、场所精神和生活气息。在"新城市主义"的居住区内，他们创造了具有意义的场所，重新建立人们失去的"乐园"：步行道、行道树、街角商店、邻里活动区等让人感受温馨的城市社区空间。

新城市主义的社区规划将传统的住宅区规划推向前进，从关心技术层面的设计手法，深入到城市社会的资源分配与合理使用等更深层面。其表现形式也更注意社区居民的积极参与，并且与城市的历史、环境进行有机整合，对历史上的住宅区规划进行了合理的判断与总结，弥补了传统住宅区规划与城市社会学、历史学的脱节。

第二节　现代城市住区规划思想的变化、演进与实践

一、最初的规划街坊

20 世纪 20 年代初期，前苏联为了改善工人的居住条件，兴建了一批新的住宅区。其规划是在资本主义遗留下来的密集的城市道路网格的框架里，摒弃了里弄规划的手法，将住宅沿道路布置，降低了建筑密度，留出了一些可以绿化、可供居民户外活动的空地，在住宅区里面设置托幼机构，这样的住宅区被称为街坊。其特点如下。

① 没有穿过街坊内部的车行道路，保证了住宅区里面的安静和安全；

② 以托幼机构为中心，集中紧凑地布置住宅群，不安排其他服务设施；

③ 住宅周边式布置，有较大的院落可以绿化，设置儿童活动场所，方便了生活，改善了环境，丰富了建筑空间。

图 1-15 所示为一种典型的街坊平面。其规模百余米见方，用地面积一般为 $1\sim2hm^2$。过小的规模，限制了安排居民日常生活所必需的服务设施。过密的道路网格，不仅浪费了大量土地，而且道路开口与交叉都较多，妨碍了城市交通。

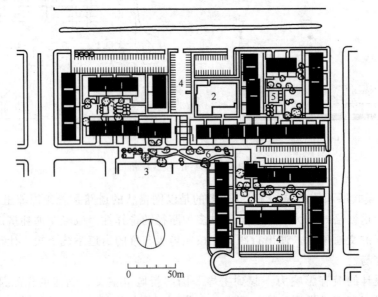

图 1-15　旧金山圣弗兰西斯住宅街坊平面

1—三层住宅；2—基督教青年会；3—学校；4—停车场；5—公共绿地；6—宅旁绿地

二、扩大的街坊

随着汽车的大量使用，城市道路网格需要扩大和改造，破坏了构成街坊的规划结构形式，街坊也由此得到扩大。所谓扩大街坊，就是将几个街坊合在一起规划兴建，也就是将一个街坊扩大几倍。由于规模扩大了，相应的可以多布置些服务设施，除托幼机构外，还有小商店、小食堂之类。同时省下了道路面积，可以腾出较多的土地设置公共绿地，进一步方便了生活，也改善了住宅群的空间效果。

图1-16（a）所示为四个街坊的规划平面，将它们合并成一个扩大街坊［图1-16（b）］，产生了这样的结果：总用地，总人口都不变，图1-16（b）所示的住宅用地省了3hm²，道路用地省了1.5hm²，得到了4.5hm²的公共绿地，内部环境、空间效果大有改善。

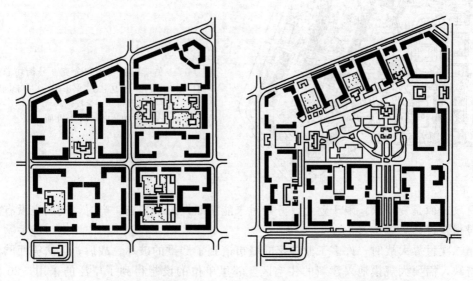

(a) 四个街坊平面　　　　　　　　　　　　(b) 一个扩大街坊平面

用地均为32 hm²，人口12500人，住宅面积112500m²

图1-16　四个街坊与一个扩大街坊比较

有些扩大街坊，还有条件设置学校、百货商店、电影院等更多的服务设施。如莫斯科新契尔穆舍克9号街坊（图1-17）就是一例，这种扩大街坊实际上就是居住小区的前身。

三、邻里单位

20世纪20年代末，美国建筑师佩里针对纽约等大城市人口密集、房屋拥挤，居住环境恶劣和交通事故严重的现实，提出了用邻里单位作为住宅区的合理规划的设想，使居民生活在花园式的住宅区中。其特点如下：

① 城市交通不得穿越邻里单位，内部车行与人行道路分开设置；
② 保证充分的绿化，使各类住宅都有充分的日照、通风和庭园；
③ 设置日常生活所必需的服务设施，每个邻里单位有一所小学；
④ 保持原有地形地貌和自然景色，建筑物自由布置。

用这种设想来兴建住宅区，其居住环境要比街坊和扩大街坊更为舒适。但由于资本主义的自由发展，土地是私有的，城市地价十分昂贵，邻里单位的建筑密度又很低，兴建单

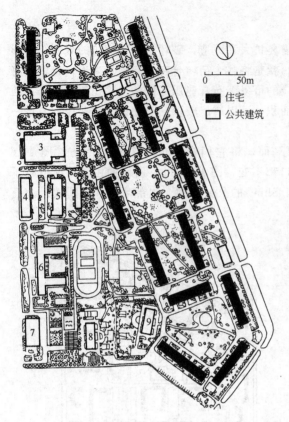

图 1-17 莫斯科新契尔穆舍克 9 号街坊总平面
1—变电所；2—粮店；3—电影院；4—百货店；
5—电话站；6—学校；7—食堂；
8—幼儿园；9—托儿所

位不是政府而是资本家，限于财力，开始时未能按照设想来实施。当时，美国也没有按照这一设想建设邻里单位。

第二次世界大战时，许多工业国家的城市遭到了严重的破坏。战后，英法等西欧各国住房奇缺，需要大规模地兴建新的住宅区，邻里单位的设想得到了广泛的采用。20 世纪40 年代末开始规划兴建的伦敦卫星城市——哈罗新城，就是采用邻里单位来构建居住区

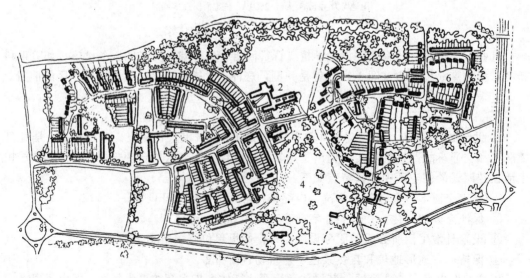

图 1-18 英国伦敦哈罗新城北马克·霍儿邻里
1—商店；2—小学；3—教堂；4—公园；5—塔式住宅；6—低层住宅

的（图 1-18）。

邻里单位和扩大街坊，几乎是同时在不同的国家提出来的。这两种住宅区的规划原则基本上是一样的，只是在建筑群体布置上扩大街坊强调周边式，呆板一些，邻里单位强调自由式，活泼一些。

四、居住小区

第二次世界大战以后各国经济的恢复和科学技术的迅速发展，为大规模的、采用工业化施工的、成片兴建新型的住宅区提供了物质基础和技术支持。人们生活水平的提高，不仅要求有质量高、面积大、实用舒适的住宅，而且要求有完善的生活服务设施和文化福利设施，有一个接近自然的生活环境。在这种形势下，在英国提出了新村（House Estate）、在前苏联提出了居住小区的规划设想。它们的特点都是加大城市干道的间距，扩大邻里单位或扩大街坊的范围，增加生活服务设施和文化福利设施，开辟绿化良好的户外活动场所。在住区规划的习惯提法上，把这两种概念统一称为居住小区（简称小区）。

前苏联在 1958 年批准的规划设计和建筑规范中，明确规定将小区作为构成城市的基本单位。此后，关于小区的一整套规定，几乎成了住宅区规划必须遵循的原则。

从 20 世纪 50 年代末以来，小区作为构成城市的一个完整的"细胞"，在许多国家的城市建设中得到了蓬勃发展。小区的特点如下。

① 结合地形自由布置；

② 住宅成组成团，1～2000 个居民构成一个组团，3～5 个组团构成一个小区，人口规模在数千人至万余人；

③ 公共建筑分级布置，一般在住宅组团内部配置托幼机构和基层商店，在小区内部配置学校、商业中心和文化福利中心；

④ 道路分车行和人行两个系统，互不干扰；

⑤ 扩大公共绿地，点、线、面相结合，相互沟通。

图 1-19 所示为一个典型的小区结构示意图。

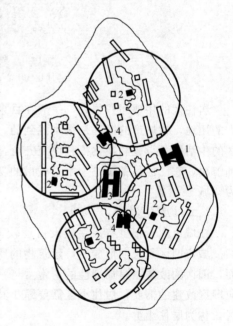

五、居住区和居住组群

居住小区的进一步发展有两个分支，一是扩大，一是缩小。居住小区扩大发展成居住区，缩小则发展成居住组群。

图 1-19　典型小区的结构示意图
1—小区中心；2—住宅组团服务中心；
3—学校；4—托儿所、幼儿园

城市交通的现代化要求进一步加大城市干道的间距。这是因为间距越大，交叉口越少，从而既保证行车高速又减少修建立交桥的投资。可见，居住小区应随着城市干道间距的加大而扩大。

居住小区中的文化福利设施虽然为居民的日常生活提供了方便，但由于小区人口较少，占地较小，无论是学校、托幼或其他公共设施，规模都是比较小的。例如，学校的规模过小，就没有足够的土地来布置设施完善的运动场。再如，多数小区不设电影院，不能满足居民文化生活的要求，设了电影院的，常常不能满座，造成浪费。可见，从居民对生活水平提高的需求来看，也要求小区的规模继续扩大。

（一）居住区

将四、五个或更多的小区组织起来，小区仍保持其独立性，另外增设更加完善的公共中心（包括商业中心和文化福利中心），这种住宅区称为居住区。

居住区并不是居住小区的简单扩大，而是具有严谨的结构。如图1-20所示。

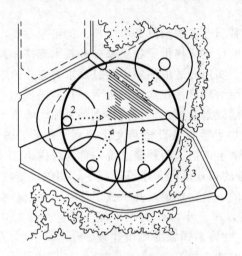

图1-20　典型居住区的结构示意
1—居住区中心；2—小区中心；3—绿化带

居住区的用地面积很大，一般在百余公顷，几百公顷，有的甚至超过一千公顷。这么大的用地，在城市的旧区是很难找到的，一般总是在城市的郊区或城区的边缘，由于居住区的生活服务设施和文化福利设施齐全，居民日常生活中的需要，都可以在居住区内部得到解决，它已经具备了一个小型城市的功能。因而，一些离城市较远的居住区，常常被称为新城。

（二）居住组群

在城市内，很少有条件建设占地较大的居住区或小区，但城市旧区的改建已十分迫切。城市旧区是长期形成的，建筑物的质量差别很大，有的破烂不堪，有的相当完好，因而，旧区的改建，是局部性的，常常将一小段街道，一小块街区拆迁、规划和建设。为适应旧区改建的需要，居住小区需要缩小其用地，提高人口密度，这就产生了一种新的住宅区，称为居住组群。

居住组群并不是街坊的再现，也不是在进行居住区、小区规划时所说的住宅群，它是一种住宅区。它有一整套跟居住小区相同或接近的服务设施，从用地上讲，它是小区的缩小；从人口规模、服务设施的配置上讲，它是更加紧凑，更加集中的小区。

居住组群的规划，是在城市旧区的窄小空间里进行的。一般地说，它四周的城市环境已经形成，新的组群的设计要跟环境协调，这是居住组群规划的一个重要课题。

居住组群的用地小而人口密度大，也就是说要在较小的土地上建较多的房屋，还要有足够的绿地和庭园，这就不可避免地要采用层数较多的住宅，用高层、多层、低层建筑来满足居住、停车、公共活动的需要，因而，组群的空间设计特别突出。居住组群的空间设计得当，能取得较好的艺术效果，对于改变城市面貌起着重要作用。图1-21所示为美国费城华盛顿广场东居住组群。

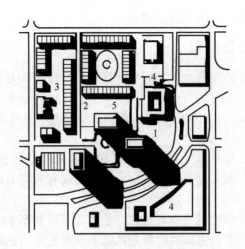

图 1-21　美国费城华盛顿广场东居住组群
1—高层塔式住宅；2—低层联排式住宅；3—原有低层住宅；4—公共建筑；5—绿地

六、综合区的探索

街坊、扩大街坊、邻里、小区、居住区是从繁华、嘈杂的城市中分离出来的一种单纯为了居住的区域。它给整天困扰在城市的噪声和污染之中的居民提供了一种安静的、安全的、生活需要一应俱全的居住环境。特别是小区和居住区在 20 世纪 60 年代前后得到了蓬勃发展。但是，没过多久，新的问题又呈现出来了，列举如下：

① 一个小区配备一整套生活服务设施和文化福利设施，在经济上是不合算的；

② 城市小区的兴建赶不上城市人口的增长；

③ 小区并不是人们生活的理想场所，因为人们不仅为了安静需要隔离，而且为了热闹需要交往，小区只能满足前者而不能满足后者；

④ 居住区与工作区分开，增加了城市交通的压力。

凡此种种，说明单纯为人们居住而建的各类住宅区已与城市发展不相适应。在规划上，需要探索另外的形式来取代住宅区。20 世纪 60 年代中期以来，在世界各地，出现了一些在居住区中安排工业、服务业或者与文化、商业、行政办公混合兴建的住宅区，以就近为居民提供就业的机会。这样的新形式叫综合区。

综上所述，住宅区跟其他任何事物一样，经历着产生、发展、消亡的各个阶段。它的变化，都紧密地与社会生产力的发展联系在一起。在工业革命以前，城市是一个大居住区、生产生活混合在一起。工业生产带来了城市的功能分区，"居住"从城市中单独分离出来，产生了单纯的住宅区。进入后工业社会出现了综合区，城市又成为新的生产方式和现代生活的混合体。混合——分离——混合，居住形态的这种变化不是回到原状，而是一种螺旋式的上升。

第三节　现代城市住区规划的发展趋势

跨入 21 世纪，城市住区未来发展面临的全球性议题得到普遍关注，其中尤为突出的是：社区思想、可持续发展思想、生态理论和全球信息化。当代城市住区规划必须适应形势的发展，在理论和实践上不断开拓、创新。

一、社区思想与社区规划

社区是一个社会学范畴的概念。社区和社区规划的产生，有赖于社会学理论的不断影响与丰富。

社区（community）一词，是由德国社会学家斐迪南·滕尼斯提出的，其专著《社区与社会》标志着社区理论的诞生。

一般来讲，社区通常是指以一定的地理区域为基础的社会群体。它至少包括以下特征：有一定的地理区域，有一定数量的人口，居民之间有共同的意识和利益，有较密切的社会交往。

地理区域是社区存在和发展的基本条件，是社区居民从事生产、生活活动的依托；人口的数量、集散的疏密程度与人口素质等是社区形成和发展的重要因素；作为一个特定的社会群体，社区成员个体的价值观、心态和行为受到群体共同意识的潜移默化的影响；而密切的社会交往对促进社区居民在情感或心理上形成共同的地域观念、乡土观念和认同感等方面起着非常重要的作用。

城市规划学科中最初没有社区的概念，随着社会对人类居住环境在宽度与深度方面发展的关注，以及随着规划职业自身在理论及方法论上与相关学科的互补发展，社区的概念和理论被逐步引入到城市规划与设计之中。

社区思想和理论把人与所居住的环境视为一个整体，并更加强调人的主体性，重视人的生活与物质环境的对应，追求以多层次的环境与多元化的生活模式的复合，激发居住者对所居住环境的心理和情感上的认同。在这一理论基础上，居住空间在组织结构上不再继续沿袭多年的树形结构，进而转变为试图使居住空间向邻里生活、丰富的社会网络结构以及多功能复合空间的回归，对居住空间的交往、参与、认同以及秩序、意义的认识也在不断具体和深入。因而传统的居住区将不仅需要进一步完善其物质生活支撑系统，更需要建立具有凝聚力的精神生活空间场所，并体现其社区精神与认同感。

二、健康住宅和健康社区

20世纪以来，人类意识到所居住的世界是一个复杂生命系统，与人类密切联系又相互制约。住区环境的日益恶化，人际关系的淡漠，防护功能的下降，表现出居住环境的健康需求与心理、道德和社会适应性等（统称社会环境）的健康需求之间发展的不平衡。尤其是发生一些疫情后，人类居住健康问题的挑战引起了全世界居住者和舆论界的关注，人们越来越迫切地追求拥有健康的人居环境。回归自然，亲和自然的健康生活方式已成为当今人类共同的心声。

"健康是一种完整的生理精神和社会状态，并不仅仅是没有疾病"（《阿拉木图宣言》）。对健康广义的理解，应该包括生理的和心理的，社会的和人文的，近期的和长期的多层次的健康，更多地强调心理健康、道德健康和社会适应性健康。

健康住宅和健康社区概念取代了原有的那种从"医学"的角度出发、把不生病等同于状态良好的观点。它把健康扩展到一个人所能达到的一切过程——在生命各层面探索和表达人的潜能的过程，如身体思想、情感、社会文化、精神经济与智力等诸多方面，因而一个健康的社区在健康的各个不同范畴都能促进其居民实现自我价值。

2001年，国家住宅与居住环境工程中心在调查研究的基础上，编制和发布了《健康住宅建设技术要点》，并启动了以住宅小区为载体的健康住宅建设试点工程，为贯彻健康住宅建设理念，营造舒适、健康的居住环境，提供了切实的指导和保障。

三、绿色生态住宅和住区

工业化文明时代，人类在创造辉煌物质文明的同时，也给自身赖以生存的自然环境带来了难以弥补的灾难：臭氧层破坏，全球变暖，上百种物种消失，空气、土地、水污染，酸雨，蓄水层消失，原始森林减少，对不可再生能源的巨大消耗以及水土流失等。在这危机四伏的困境里，人类在寻求与自然和谐发展中产生了生态的觉醒。在世界性谋求"生态和发展"的口号声中，保护、改善和优化环境问题已逐渐成为人类在 21 世纪的首要命题。我国在《中国 21 世纪议程》中已将"人类居住区可持续发展"的内容列入重要议程。

生态涵盖的内容很广，对城市住区来说，目前最为关键的是人与环境的关系。住区生态系统是在自然生态系统的基础上建立起来的人工生态系统，要处理好这个系统的基本问题就是正确对待人、自然、技术之间的关系。人要顺应自然，使自然在遵循自身规律的基础上为人类服务，技术则是人与自然发生关系的中介，因此正确运用技术谋求人与自然的和谐是一个关键性问题。

绿色生态住宅和住区注重人与自然的和谐共生，强调资源和能源的利用，关注环境保护和材料资源的回收利用，减少废弃物，贯彻环境保护原则。如住宅的自然仿生和节能模式，太阳能、风能利用，废水和固体废物的处理及再利用、噪声污染控制等新技术，都是在这方面的有益尝试。

2001 年，国家建设部公布了由建设部住宅产业化促进中心研究和编制的《绿色生态住宅小区建设要点及技术导则》，以住宅小区为载体，为推进住宅生态环境建设及提高住宅产业化水平，实现社会、经济、环境效益的统一奠定了基础。

四、住区智能化

住区智能化系统是将现代高科技领域中的产品与技术集成到住区的一种系统，它由安全防范子系统、管理与监控子系统和通讯网络子系统所组成。它是现代高科技的结晶，也是建筑结构与信息技术完美结合的产物。

住区智能化系统的概念是从智能建筑发展而来。随着当代的信息技术、计算机技术、自动控制技术及因特网技术等的迅速发展，高科技也随之走进了人们的生活之中。把这些领域中的技术、产品和应用环境引入到住区中已经成为住区规划建设的发展趋势。随着生活水平的提高和工作方法的变化，人们对一个安全、舒适、便利的居住环境和数字化生活的追求也逐渐提高。住区智能化系统的发展正是适应了人们的这种需求。

随着科学技术的发展，借助结构化综合布线系统实现智能化，大大提高了住区的管理和服务水平。计算机网络、双向有线电视、电视终端图像情报检索等技术在住区中将会逐步普及，智能住宅将会迅速发展，住区范围的防盗、防灾报警也将置于计算机网络的监控之下，人们还将会借助于情报终端设施，在远离工作单位的家中工作即办公站（office station），以减少城市交通负担，达到快节奏、高效率。这些变化不断冲击人们的生活与观念，导致新的生活方式的产生，并将影响到住宅及住区的整体营运。

建设部居住产业化促进中心在 2003 年 2 月公布了《居住小区智能化系统建设要点与技术导则》，对我国现代居住小区智能化的规划设计与开发将起到规范和引导作用。

五、通用住区与通用环境

通用设计的理论背景，一是来自人权运动所带来的对残疾人问题的重视；二是随着我国步入老龄化社会，老年问题的日益突显。

通用设计理念提出了消除将残疾人或者老年人与普通人分离的思路，也促使设计视野将完全人、平均人扩展到更为广泛的人群。通用设计最早是由美国建筑师 R.L. 梅思（Ronald L. Mace）于 1985 年提出的。R.L. 梅思将其形容为可以被所有人使用的产品和环境的设计。这与各类专用设计相区别，其初旨在为尽可能多的人提供没有障碍的环境，也希望尽可能更广泛地包容人类的各种活动。

通用设计的目的是使尽可能多的人用少量的额外支出，甚至不用额外支出，就能享受到各种产品、公共设施及生活环境的便利，以此使每个人的生活简单化。它的最高目标是使环境适合所有的人。因此要求在设计过程中，不仅要考虑到正常、健康成年人的需求和能力，更要考虑到那些行动不便或有生理机能残障人士的需求和能力，还有孩子和老人。通用设计的适用面相当广泛，在个人产品、家用产品、公共环境中共用产品的设计方面以及建筑设计、城市规划与设计方面都可以得到运用。

随着社会的发展和人类文明的进步，"平等、参与、共享"成为每个社会成员的要求。包括人、自然、社会、建筑和联系网络五个基本要素的人居环境，正得到全社会的普遍关注，创造平等全面安全的无障碍环境已成为社会的共识。科学技术的发展更为无障碍环境设计提供了技术保障。创造一个通用的环境，就是要使周围的环境适应每一个人，加强了人们之间的联系，而避免割裂和分离。

在城市与环境建设中运用通用设计的理念，需要以使用者为中心和重点，关注与了解不同年龄与生活能力的人的共同生活，体现环境广泛的包容性与适应性。家居工作场所以及整个社区、城市都必须方便日常生活，适应不同的人群，而不管他们的健康水平或者财富数量。

或许通用设计并不能一下子将所有的人群完全囊括在其设计主体之内，但这是通用设计的理想和努力方向。人人共享是其宗旨而不应被个人生活行为能力及经济等因素所影响和限制，住宅和住区作为人大部分时间的生活场所，是实现通用环境的重要内容，这需要所有城市建设的相关人员的共同努力。

第四节　我国住区规划设计实践的发展与演变

中国的住宅建设取得了举世瞩目的成就，特别是 20 世纪 80 年代以后，我国的住宅建设进入了一个新的发展阶段，其规模之大，速度之快，投资之多是前所未有的。为使"人人皆有适当的住房"，中国政府高度重视和解决群众亟待解决的住房问题，政府先后采用多种措施，增加住宅建设的投资；同时，结合社会主义市场经济体制的建立，加快和深化城镇住房制度的改革，从政策上推动住宅小区建设，使全国城镇居民的居住水平有了明显的改善。50多年来，中国的住宅建设事业走过了一个摸索、发展、停滞、恢复到振兴发展的过程。

一、20 世纪四五十年代的住区规划与建设

1949 年至 1957 年是我国国民经济恢复和第一个五年计划时期。这个阶段住区规划与

建设有以下几个特点。

（一）住宅建设坚持"有利生产、方便生活"的原则

如北京百万庄小区、三里河小区等都是为生产服务而配套建设的。住宅的统建体制不断完善，实行了统一投资、统一征地、统一规划设计、统一建设、统一管理的"五统一"政策，有力地推进了成街成片的住宅区建设。

（二）居住区规划水平迅速提高

20世纪50年代住区规划建设工作中，分别受到了邻里单位、居住街坊、居住小区规划理论的影响和指导。

（1）20世纪50年代初期　以邻里单位和新式里弄作为居住区的组织形式，如上海曹杨新村（图1-22）和北京复兴门外住宅区。

图1-22　上海曹杨新村总平面
1—居住区中心；2—中学；3—小学；4—托幼；5—医院；6—菜场

（2）20世纪50年代中期　采用前苏联周边式、双周边式居住街坊的组织结构，如北京酒仙桥居住区（图1-23）、国棉二厂职工住宅区、北京百万庄居住区。

（3）20世纪50年代后期　以居住小区作为居住区的基本组织形式。在此期间，建造了大批住宅区，并逐步制定了小区技术指标体系，在实践过程中形成了适合中国国情的居住小区规划理论和方法。如北京幸福村（图1-24）、和平里七区与上海东风新村。

总之，在整个20世纪50年代，由于重视了城市规划的科学性，初步形成了居住区的规划思想、理论和方法体系，在居住区规划建设方面积累了不少成功经验。

二、20世纪六七十年代的住区规划与建设

1958～1965年，因受体制、自然灾害及国内外不利的政治、经济等因素影响，国家

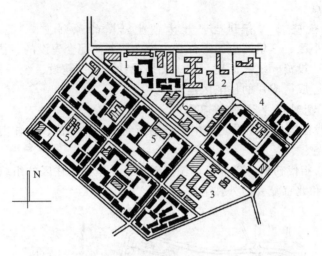

图 1-23　北京酒仙桥居住区总平面
1—影剧院；2—医院；3—商业中心；4—体育场；5—托幼；6—小学

对住宅建设的投资和比重大幅度下降，处于历史低潮。1963～1965 年，随着国民经济的

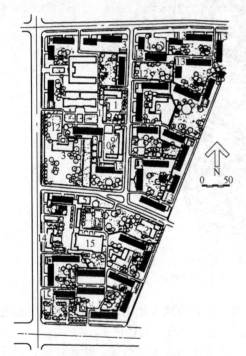

图 1-24　北京幸福村总平面
1—托儿所；2—幼儿园；3—小学；4—商店；5—食堂；6—诊疗所；7—浴室；8—锅炉房；9—烟囱；10—洗衣房；11—汽车库；12—球场；13—晒衣场；14—原有办公楼；15—原有礼堂

调整，住宅建设的投资及比重开始回升，但住宅竣工面积仍处于较低水平。1966～1976 年十年间，住宅建设长期停滞不前，住宅建设的投资和竣工面积远远不能适应城市人口的迅速增长，从而导致了居住建筑史上巨大的住房欠账，形成了我国现代住宅历史上一次长时期的建设低潮。

这个时期住区规划与建设的主要特点如下。

（1）20 世纪 60 年代初期，建筑界在探讨居住区如何创造生活方便、保持环境安静、提高密度和继承传统方面，都有不少新的见解，并在当时的居住区建设中起到了一定的指导作用。

（2）20 世纪 60 年代中期以后，城市规划被取消，城市建设无章可循，统建体制被否定，住宅建设转向以分散为主，出现散、乱、差、各自为政的严重后果。这个时期住宅建设采取了"见缝插针"、"占用少量、零星农田或城市边角地等挖掘潜力"为主的方针，破坏了原有城市和居住区的布局，必要的公共绿地被取消，居住环境质量严重下降。一些简易住宅布置时很少考虑必要的日照要求和城市面貌。

特别是受"干打垒"的精神影响，北京、上海、天津等一些大城市建设了一批比 50 年代标准更低、质量更差的简易住房，这批住宅居住环境低劣，早已不能适应人民生活的需要。

（3）单纯从方便、简化施工出发，规划设计与施工的科学程序被颠倒，规划设计服从施工，建筑艺术被否定，住宅布置均采用简单的行列式排列。

三、改革开放后住区规划建设的发展

从 1979 年开始，中国进入了以改革开放为主导方针的持续快速发展阶段。在此期间，城镇住房政策的改革完成了从福利住房体系向社会化住房保障体系的转变，在数量上和质量上也有了空前的提高，住宅产业现代化成为今后中国住宅发展的总目标，中国住宅建设进入了全面发展的新阶段。

这个时期住区规划与建设分为以下几个阶段。

（一）改革开放初期

改革开放初期，我国住宅建设面临的突出问题是住房严重短缺。20 世纪 70 年代末至 80 年代初，我国建成了不少环境优美、设施配套、功能齐全、风格各异的住宅小区。如常州花园小区（图 1-25）、常州清潭小区、无锡清扬新村、苏州彩香新村、上海上南新村等。其主要特点如下。

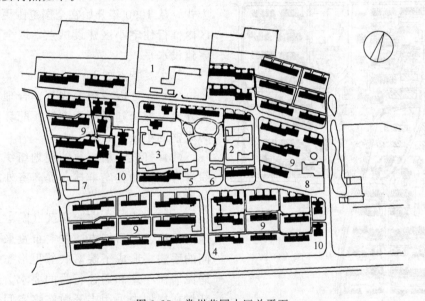

图 1-25　常州花园小区总平面

1—小学；2—幼儿园；3—托儿所；4—商店；5—文化站；6—邮电所；
7—街道办事处、保健站；8—锅炉房；9—5 层住宅；10—6 层住宅

（1）小区建设的重点在于"温饱型"小区，强调基本物质生活环境的规划设计，从而满足居民"吃、住、行"等基本物质生活的需求。

① 在小区建设上加强组织管理，使建成的小区造价低、速度快、质量好，有效地缓和了居民的住房紧张状况；

② 针对改革开放前建成的住宅小区中普遍存在的"生活不便，设施不全"问题，在小区规划和建设中注意完善各种基本生活配套设施的建设，使小区配套设施齐全，居民生活方便；

③ 将小区的市政，绿化与小区建设同步实施，为广大居民提供了活动、休息环境，丰富了居民的生活。

（2）小区建设方式在总结原有"零星分散、互不配套"的基础上，强调把小区的规划

设计与小区的施工、配套、管理等相结合，提出了"统一规划、征地、设计、施工、配套、管理"的六统一原则，注重小区建设中经济效益、社会效益和环境效益相结合。

（二）有计划的商品经济时期

在这期间，我国的住区建设有了进一步的发展。住房建设无论从数量上还是质量上都比前十年提高了很多，城市居民住房紧张的状况得到一定程度的缓解。

"七五"期间，城镇住宅建设提出了"提高环境质量，维持原有面积，改善功能，节约土地，节省能源，基本达到一户一套"的发展目标。为促进这一目标的实现，建设部在全国选定了无锡沁园新村、天津川府新村和济南燕子山实验住宅小区三个分别代表南、北和过渡地区特点的住宅小区作为建设部"七五"建筑科技发展规划的重点项目，并把它们作为建设部第一批试点小区，在全国进行试点。

1989 年，建设部在总结了第一批试验小区建设经验的基础上，决定采取以点带面的方式，从 1990 年开始在全国范围更广泛的地区内推行住宅小区建设试点，以全面提高住宅建设水平。

其主要特点如下。

（1）小区以"统一规划、合理布局、综合开发、配套建设"为方针，配套建成了较为完整的小区。

（2）打破千篇一律的规划组织方式，组织富有变化的住宅群体，提高室外居住环境的质量。

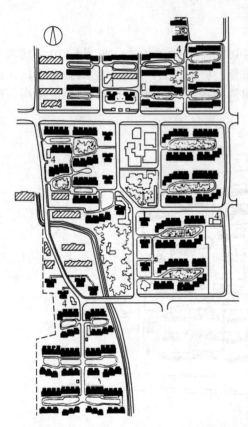

图 1-26　济南燕子山实验小区总平面
1—商业中心；2—托幼；3—活动室；4—居委会

如济南燕子山实验小区（图 1-26）适应地区民风、民俗特点，住宅布置采取围合空间的手法，形成了院落式邻里形态，以适应居民居住心理和居住行为的要求。天津川府新村在规划中采用半开敞院落空间进行住宅楼群布置，形成公共、半公共和半私密的室外活动场所，适应不同类型居民的需求。

（3）明确邻里生活空间领域层次，促进居民邻里交往。

小区规划充分考虑人们的生活活动规律和内容，对住宅的外部空间进行明确的层次划分，形成多样化和有序性的邻里生活空间领域层次，为居民提供邻里交往和各类活动所需的活动场所，满足小区居民室外活动的多种需求以及心理上的安全感。

如无锡沁园新村（图 1-27），由清扬路进入小区，通过道路两旁四栋七层的点式住宅以及低层商业服务性建筑，将人们的视线紧紧收住，形成小区的"前道空间"。走过沁园桥，在三边高低错落的住宅环抱下，来到小区居民休息、娱乐、社交的中心公园，这是小区的"公共空间"。越过中心公园，自然地到达四个组团级空间，有较大的绿地或儿童活动场地，构成了小区的"半公共空间"。前后两排条式住宅采用入口相对形成了共享空间的院落，为老人、儿童就近休息、活动和邻里交往提供了场所，构成了小区的"半私密空

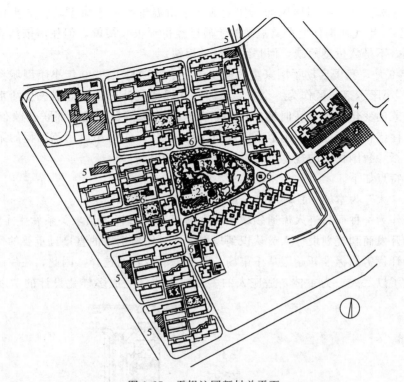

图 1-27　无锡沁园新村总平面

1—小学；2—托幼；3—文化活动站；4—商店；5—自行车库；6—居委会；7—中心绿地

间"，再加上底层小院及阳台、屋顶平台等相对独立的私有空间，形成了小区完整有序的生活空间层次。

（4）完善小区使用功能，满足居民心理、精神等多方面的需求。

规划设计时注重了居民出行行为活动轨迹，商业服务设施由过去传统的"服务型"转变为"经营型"，布置形式由过去置于几何中心的"内向型"转变为置于居住区主要人流出入口处的"外向型"，既方便了居民，又有利于经营效益的提高。

如无锡沁园新村将小区商业服务性设施集中安排在主干道一侧，青、老年活动室和幼儿园则安排在小区中心公园西侧。

（5）从居住环境的整体性出发，突破传统，确立"整体设计"的新概念。

"整体设计"的概念是把建筑景观、道路及广场、绿化配置、竖向设计、照明以及环境设施小品等人工环境景观全部有机地纳入住区环境的整体设计之中，为居民创造一个良好的居住环境，从而改进人们的生活质量，满足人民日益增长的需求。如上海三林苑小区把外部环境设计作为一个独立的设计阶段来进行，在住宅小区外部环境设计的内容、要求、方法以及外部环境建设的投资比例等方面做了有益的探索。

（6）在住区中尝试居民参与的规划设计方法，从调查研究入手，制定规划设计方案。

如常州红梅西村在规划设计过程中进行了千户居民抽样调查，广泛听取居民对新村的规划设计、单体造型、居住功能等方面的意见，并把这些意见充分考虑到规划设计之中；昆明春苑则通过对当地已建成小区的调查，认识到组团级绿地和公建的利用性较差，从而在小区规划中采用了小区——院落的二级规划结构。

（三）社会主义市场经济初期

20世纪90年代中期开始，随着改革全方位、深层次地展开，以及新的住房、医疗等政策相继出台和落实，我国居民的居住生活水平由温饱型向小康型转化的步伐进一步加快。20世纪80年代初期住宅严重短缺的矛盾已经得到很大缓解，但住房依然表现为相当程度的短缺，不是数量型短缺，而是结构性的短缺。

1994年9月，我国启动了国家重大科技产业工程项目"2000年小康型城乡住宅科技产业工程"，小康示范小区作为一个重要载体，其规划设计必须适应居民生活水平的提高以及生活方式的变化，满足新时期居民的新需求。国家科委，建设部联合颁布《2000年小康型城乡住宅科技产业工程示范小区规划设计导则》，作为小康示范工程的第一个导向性文件，对指导我国住区的规划设计发挥了重要作用。

其主要特点如下。

（1）以"人"为本的居住环境，全面满足人的不同需求。

当住房作为一种商品进入流通领域让广大消费者去选择，供求关系发生了重大转变。越来越多的开发商和规划设计人员认识到规划设计对住房销售的直接且重要的作用，因而评价规划设计优劣的标准开始服从于市场，服从于消费者的选择。因此，在住区规划设计中逐步形成了以"人"为主体，适应人的多元化需要，完成多样化设计的"以人为本"、

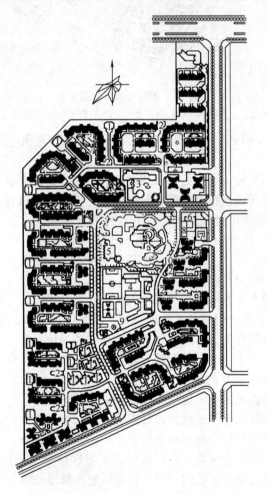

图1-28　昆明春苑小区总平面

1—底层独院住宅；2—自行车棚；3—托幼；4—小学；5—文化站；6—办事处；
7—派出所；8—变电站；9—水塔；10—煤气调压站

面向市场的规划设计理念。

（2）规划设计中强调社区环境的营造。

面向小康生活的住区，不仅要满足人的生理需求，还要在创建美好物质环境的基础上，努力营造社区的文化氛围，体现人与人、人与自然之间的和谐。提高住区的环境品质，一方面是以自然生态为依托的住区物质环境，另一方面是以居住生活为主体的住区人文环境（社区环境）。住区规划设计必须兼顾这两方面环境的建设才能真正形成高品质的

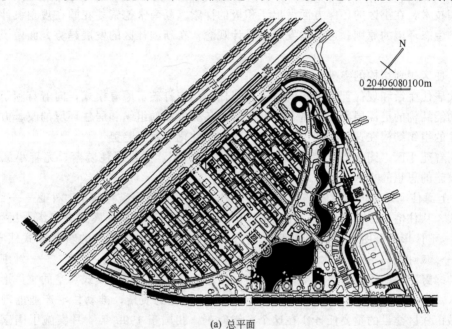

(a) 总平面

(b) 模型照片

图 1-29　'96 上海住宅设计国际竞赛的最佳方案

1—7～8 层新里弄式住宅；2—8、13、18 层板式住宅；3—27 层塔式住宅

居住环境质量，满足当代人们的需要。

（3）住区规划中开始加强环保意识和可持续发展观念。

住宅建设中如何贯彻"可持续发展"思想，如何充分而合理地利用自然资源，如何建立人与自然之间的和谐共生的关系，这些问题逐渐为建筑师和规划师所认识，出现了这方面的探讨和实践。

如北京北潞园居住区内的北潞春绿色生态小区，小区内采用了先进的垃圾处理技术和污水处理技术，在小区的环保方面做出了积极的探索。湖南常德紫菱花园在规划设计中贯彻了保护生态环境的原则和可持续发展的设计观念，在新型社区的发展趋势方面做了有益的探讨。

（4）住区规划结构的突破。

现代居住生活和现代管理模式的需求，使住区结构打破了原有模式，向着有利于住区空间及功能结构的更深层次的创造、有利于居民各类生活的组织和居住环境的改善方向发展，住区的组织结构在这一时期呈现出多元化和个性化的发展趋势。

昆明春苑小区（图1-28）是较早提出淡化居住组团、强化居住院落、完善小区级公共服务设施的思想的小区。

'96上海住宅设计国际竞赛的最佳方案（图1-29），彻底突破传统的"小区——组团"组织模式，从住宅小区整体出发，在住宅小区规划中采用三种基本模式来组织居民生活："面"——整体形象鲜明、极具上海地方特色的条条弄堂通"绿野"的新里弄式住宅群；"线"——蜿蜒曲折、行云流水般的、怀抱"绿野"的绿色高层板楼；"点"——纤细修长的置于"绿野"中的绿色高层塔楼，创造出了全新的住宅小区规划模式和空间整体形象。

跨入21世纪，加快住宅建设，提高住宅和人居环境的质量，推动住宅产业的现代化是我国城市住区建设的重要任务。在这个关键时刻，我国于1999年4月实施了国家康居示范工程，以促进和提高住宅质量及住宅产业化水平。

目前，国家康居示范工程正处于一个不断摸索和变革的过程，需要根据市场的变化和技术的进步及时做出调整，它们为我国住宅规划和设计理论走向繁荣迈出了重要的一步，同时也预示着我国住区的规划设计创作将出现丰富多彩、百花争艳的前景。

第二章

居住区规划设计概述

第一节 城市与居住区

城市自产生以来就是人们重要的赖以生存和居住的地方，当社会发展至今天，世界人口的大多数都集中于城市，因此，城市的居住功能更加受到重视，居住环境更加受到关怀。但由于现代城市功能的复杂性，居住也仅仅是城市各项功能之一，居住生活用地也成为了城市各种用地的一个组成部分，城市的居住功能在与城市其他功能的相互作用中，居住生活用地被划分为了一个个大小不等的地域，这一个个空间相对独立和功能相对完整的区域就构成了城市居住区。

一、居住区的含义与功能

一般所称的居住区，泛指不同居住人口规模的居住生活聚居地和特指被城市干道或自然地形界线所围合，并与居住人口规模相对应，配建有一整套较完善的、能满足居民物质与文化生活所需的公共服务设施的居住生活聚居地。

居住区所承载的功能是与居民的居住生活密切相关的包含居住在内的休憩、教育养育、文化娱乐、医疗卫生、体育健身、商业服务、社会交往甚至工作等活动。

二、城市生活居住用地的组织与分区

（一）生活居住用地在城市中的组织

在城市中由于人们所特有的上下班的生活方式，影响和促使人们在选择居住场所时，总是与就业场所相关联，尽量保持两者之间的联系方便和距离靠近。这一点在我国建国后，各个大中型企业家属住宅区的建设选址上，得到了充分的反映，如图 2-1 所示西安东郊工业区和家属区的布局关系。因此，城市虽然是人类的聚居地，但与乡村不同，它的居住用地是与其他类用地相互交织、穿插，构成了被其他用地（如就业场所较集中的地段）所划分的、具有一定区域规模的居住区域，一般称其为居住区，因此，在城市中居住区的规模与其所在区域的就业岗位成正比关系。

（二）生活居住用地在城市中的分布

社会学家 E. W. 伯吉斯提出的同心圆学说［见图 2-2（a）］，认为居住用地在城市中呈圈层形式分布，而由土地经济学家 R. M. 赫德提出的，后又经 H. 霍伊特加以发展了的楔形理论［见图 2-2（b）］所描述的居住用地是伴随着就业场所的发展变化，形成伴随、延伸的扇形模式，但无论是前者还是后者，都可以看出居住用地在城市中与中心区、工业用地及劳动力密集的批发、零售商业等用地密切相关，而且还沿着城市的主干道、新区等发展、延伸着。

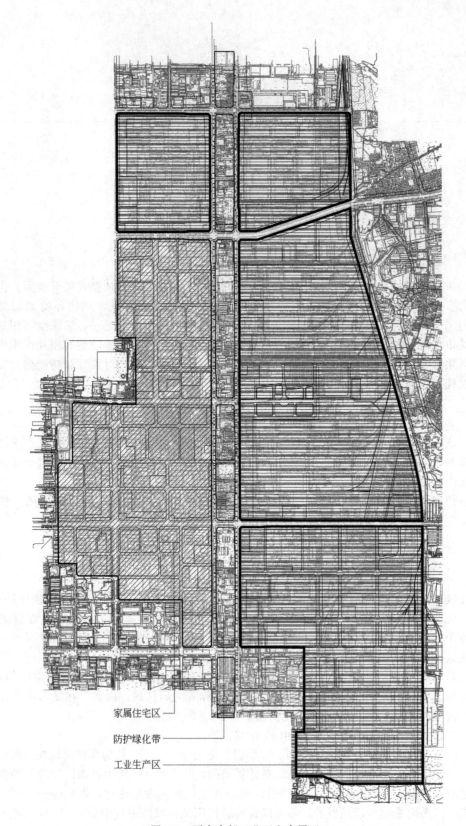

家属住宅区
防护绿化带
工业生产区

图 2-1 西安东郊工业区和家属区

城市住区规划设计概论

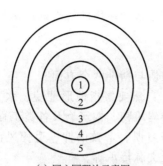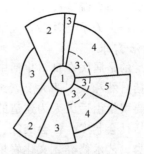

(a) 同心圆理论示意图　　　　　　(b) 楔形理论示意图

1—中心商业区；2—过渡地带；　　　　1—中心商业区；

3—自食其力的热居住地带；　　　　　2—批发商业区、轻工业区；

4—较好的居住地带；　　　　　　　　3—低级住宅区；4—中等住宅区；

5—使用月季票者居住地带　　　　　　5—高级住宅区

图 2-2　同心圆理论及楔形理论示意图

生活居住用地的分布与组织是城市规划布局工作的重要内容，除了要处理好居住生活用地与城市各类用地的关系，尤其是与工业用地的关系，另外还要依据它的特点与需要，恰当地选择它在城市中的位置，才能使人们更好地享受阳光、空气和环境。因此，在选择生活居住用地时，必须遵循以下三点：首先居住生活用地应满足居民的家庭生活及基本社会生活的需要；其次居住生活用地宜选择在阳光充足、环境优美、不易受灾、便于通风、方便生活、交通便利之处；最后居住生活用地的布置应与就业地联系方便，以便减少上下班给城市带来的交通压力。其常见的布置方式如图 2-3 所示。

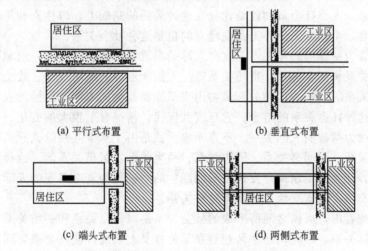

图 2-3　生活居住用地与工业用地布局关系的常见布置方式

第二节　居住区的组织与构成

一、居住区的组织

居住区作为居民生活的物质载体，其功能结构、物质环境的构成都脱离不开居民的生活需求和居民的社会结构，也就是说居住区的功能结构、空间结构是由居民的生活规律、邻里关系及社会组织管理系统等决定的，因此要想解开居住区规划的规律与要点，就要了解居民的生活特点、社会关系与社会管理结构。

（一）居民生活需求

居住区所要满足的是居民在日常生活中的物质与精神两个方面。

物质方面：包括自然和人工两大要素组成。自然要素指地形地貌、水文地质、气象、生态环境等；人工要素指由后天人为建造的各类建筑物、构筑物及各类工程设施等。

精神方面：包括社会制度、社会交往、风俗习惯、宗教信仰、道德风尚、民族特色、地方特点、体育健身、艺术修养、文化娱乐以及文脉传承等。

物质需求是人类生存的基础，也是满足精神需求的载体，居住区就是居民居住生活的一种物质形态，在以人为本的思想指导下，居住区无疑要选择在城市自然环境良好的地段，人工环境的再创造就是为了满足居民更好的精神需求。因此，物质需求与精神需求呈现相辅相成的关系，精神需求为物质需求的主导因素，反过来，良好的物质环境可以使人们得到更大的精神享受。居住环境就是要依据该居住区居民的精神需求（社会交往、风俗习惯、宗教信仰、道德风尚、民族特色、地方特点、体育健身、艺术修养、文化娱乐以及文脉传承等的需求）来创造。

（二）居民社会关系

人与人之间的交往是复杂多变的，因此，人和人之间结成的社会关系也是纷繁复杂、变动不定的。但就其形成的基础来说，社会学家认为大体可分为以下三类。

（1）以血缘为基础的人际关系。也即是由婚姻、生育而产生的人际关系、如父母与子女的关系、兄弟姐妹关系，以及由此而派生出来的其他亲属关系。这种人际关系是一种最原始的社会关系，人类社会最初就是建立在这种关系的基础上，以性别和年龄分工而进行的自然经济组合，个体来到世界上首先建立的也是这种社会关系。

（2）以地缘为基础的人际关系。这种人际关系就是由于居住在同一地域而形成的人际关系，如邻里关系、同乡关系、街坊关系等。人们所形成的街坊观念、故土观念、乡情观念，就是这种关系的反映。这种关系最初出现于原始社会的末期，原始的农村公社、中国的井田制就是这种社会关系的组合。它延续到现代，情况有了很大的变化。

（3）以业缘为基础的人际关系。不言而喻，就是由于从事共同的或有关联的工作职业而形成的人际关系，如同事关系、同志关系、师生关系、医患关系等。这种关系是随着社会生产的发展，社会分工越来越发达以后而产生的一种更为复杂多变的人际关系。现代社会里人与人的交往，占支配地位的就是这种关系。

从以上不难看出，居民之间所形成的社会关系是以邻里关系和街坊关系为主导的以地缘为基础的人际关系，因此，居住区规划在某种意义上来说，就是要强化同一居住区中居民的地缘关系。

（三）居民组织与管理

1. 居民组织的形成

组织是人类社会的普遍现象。社会组织是地域社会形成的基础，居住区中自然也存在着各式各样的社会组织。但所谓的居民组织是为保障居住环境的安全、卫生、社区服务以及良好的日常生活秩序等，而建立的居民自治管理系统。

就目前我国的情况而言，这种居民组织形形色色，概括起来主要有住区管理组织、生产经营组织、文化生活组织、社会服务组织以及其他在住区中的居民社团组织等。这些组织的出现和形成，就是给居民在住区中实现"自我管理、自我教育、自我服务"提供了一个平台。

2. 居民管理体系

建国以来，我国城市经过了 50 多年的建设，住区也有着很大的发展和变化，在住区的管理方面也形成了一些特有的管理模式。比如长期以来企业办社会的过程中形成了以企业为主导的住区管理模式，这种模式下构筑了以居委会为居民自治组织的形式。以街道办事处为核心的政府主导型的管理模式，也是我国形成的一种特有的政府管理社会的形式。改革开放以来，房地产业的发展促进了新型管理模式的诞生，这种新型管理模式分别是以物业管理公司为住区管理主体的市场主导型管理模式，和以社区委员会等居民自治组织形式为主体的社会主导型管理模式。

二、居住区的组成

（一）居住区的用地组成

根据居民社会生活活动的需求和居住功能的要求，居住区用地一般包括以下几种。

（1）住宅用地 指建造住宅的用地，用地包括住宅建筑的基地、住宅之间的日照间距、宅前宅后必要的安全与卫生距离、住宅建筑入口的小路、宅旁绿化及底层杂物小院等。

（2）公共服务设施用地 指居住区内公共建筑和公用设施的建设用地，包括公共建筑和公用设施的基地、附属用地（绿化、停车场、广场、活动场地等）及道路等。

（3）道路用地 指居住区内的道路广场、停车场用地，包括居住区内的各级道路、广场、社会及居民停车场等，但不包括上述两类居住用地内的道路、广场和停车场。

（4）公共绿地 居住区内的各类公共绿化用地，包括居住区公园、小游园、街头绿地、林阴道、宅间日照间距以外的绿地、活动场地及运动场等，不包括居住区内的各种专用绿地。

以上四类用地是居住区的主要组成用地，但在居住区中还有与居民关系密切的、互不干扰的小型工厂的工业用地，可以给居民提供就近就业场所的城市公共设施用地及市政设施等其他用地。

（二）居住区的环境组成

居住区的环境是由室内环境和室外环境构成。

1. 室内环境

主要是指满足人们家庭生活的住宅内部环境，通俗地讲就是住宅建筑内的环境。

2. 室外环境

一般地说是满足居民日常生活的户外活动环境，通常来说包括与居民生活密切相关的公共设施、市政公用设施、绿化、道路广场、游戏场、环境小品等组成的居住区外部空间环境，构成其室外环境有以下几方面。

（1）自然环境 主要指地形地貌、地质条件、水文状况等。

（2）生态环境 指绿化面积的生态效应，废物的处理与利用，"绿色建材"的运用，太阳能、风能、地热的开发和利用等。

（3）大气环境 指空气中有害气体和有害物质的浓度、大气的环流、湿度状况等。

（4）声环境 指噪声强度等。

（5）光环境 指住宅的光照条件等。

（6）小气候环境 指住区中由于建筑的布局、绿化的种植所带来的气温、日照、通风和防风等局部地段的气候环境情况。

（7）外部空间环境　指能够提供给居民的日常户外空间场所及设施的水平、数量、质量、适宜度、便捷性等。

（8）邻里和社会环境　指住区环境内的社会风尚、治安状况、邻里关系、文化活动与居民组织等。

三、居住区的构成层次

一般所称的居住区，是被城市干道或自然地形所围合的居住生活用地，居住区实际上又会被城市次干道或支路进一步划分，形成了由城市道路或自然地形围合的构成城市基本空间单位的地块，因此，对于居住区这个大地域空间来说，是由一个个小地段空间构成，居民的日常生活活动有着不同的活动范围与互动层面，这种居民日常活动的范围和互动的层面就将居住区的生活分成了不同的层次。根据居民日常生活活动规律和居民社会关系的密切程度，居住区可以分为以下三个层面。

第一层面，是以宅间、住宅院落等居民日常生活活动最频繁、接触最多、关系最密切的空间构成，可称为邻里生活院落；

第二层面，是以3～5个基本邻里生活院落构成的，能配建居民所需的基层公共服务设施，能设置基层的居民自治组织——居委会的居住生活聚居地，即为住宅组团；

第三层面，是由3～5个住宅组团构成，并不为城市道路穿越的，通常所说的城市空间基本细胞，能配建一套满足居民日常物质文化生活所需的公共服务设施的居住生活聚居地，即为居住小区。

四、居住区的类型与规模

（一）居住区的类型

根据居住区所处位置、住宅层数、居住人口及建设环境的不同，可分为不同类型。

依据所处位置的不同可以分为：城市中的居住区、城市边缘的居住区或独立工矿企业的居住区。

（1）城市中的居住区往往是在旧区的基础上发展而成，建设年代久远，保留了许多传统的居住形态，社会网络较为稳定，但生活服务设施与市政公用设施不够健全，因此，需要保护、更新与改造。

（2）城市边缘的居住区基本上是近几十年或近几年时间内建设的，有些是在城市规划的指导下，依据现代居住环境规划理论建设的，社会网络已经形成或正在形成，生活服务设施和市政公用设施较好，但随着社会的进步、城市建设步伐的加快，这些居住区显现出绿化面积严重不足、设施水平不高、住宅老化等问题，也将面临更新与改造。由于时间的推进，城市不断地向外扩张，原来处于城市边缘的居住区可能会演变为城市中的居住区。

（3）独立工矿企业的居住区一般是指某一个或几个工矿企业的职工家属区，因为该企业离开城市而建设。为了职工就近上班，住宅区依企业而建，有一定的独立性。这种居住区大多远离城市而且与城市的交通联系不便，因此，在居住区中除了设置一般的居住生活配套设施以外，还需要设置一些更高一级的生活设施，公共服务设施的配备与指标均高于前两类居住区，此外，由于这类居住区远离城市更接近农村，其公共服务设施有时还兼顾着服务于周围农村。这些居住区大多数建设于20世纪60～70年代，我国"三线"建设时期，目前由于经济的发展、社会的变化，有些企业已将本企业的居住区向城市迁移。

（二）居住区的规模

居住区的规模包括人口和用地两个方面，由于人口数量对于设施等的影响较大，因此，一般以人口规模作为标志，用地规模的大小是依人口规模的变化和城市功能的改变所形成的地域空间来划分。对居住区规模的影响因素是多方面的，但影响最大的主要有以下几方面。

（1）公共服务设施的经济性　居住区级的公共服务设施是依据该区居住人口的数量来配套设置的，要使公共服务设施达到满足居民日常生活所需的精神和物质要求，就需要设置较完备的商业服务、文化教育、医疗卫生等设施，同时设施要维持在较好的水平上，还需要一定的人群规模来支撑，能使设施被经济合理地使用，人群规模就要维持在50000人以上。

（2）公共服务设施的合理服务半径　居住区的公共服务设施配置的情况不仅要考虑其经济性，还应考虑其辐射的范围——也即服务半径。服务半径是根据人的步行最佳能力的时空距离来确定。居住人口的规模、经济性、消费能力决定了居住区公共服务设施配置的水平，公共服务设施的服务半径决定了居住区的地域空间规模。两者之间是一种相辅相成的关系，支撑公共服务设施的人口越多，其水平越高，服务半径就会越大，超越了人步行能力所及的时空范围。因此，居住区的地域空间规模受到了以经济性为下限，以服务半径为上限的约束。由此一般来说，合理的服务半径大约在800～1000m之间。

（3）城市道路交通与完整的地域单元　现代城市住区的发展变化与现代机动化交通的发展关系甚为密切，时到今日，城市道路交通已成为一个复杂的系统工程，对住区的划分也已不是那么简单的问题了，居住区的构成也是多层次的，由一个个地域空间细胞组成，一般认为居住区是被城市主干道或自然边界划分而成的完整的地域空间，城市干道的合理间距在600～1000m之间。

居住区是城市功能的有机构成部分，在空间布局和功能布局上应充分体现城市的整体性，综合上述因素，居住区的人口规模一般为3万～5万人左右，空间地域一般是被城市干道所划分，用地规模为40～100hm^{2}左右。

居住区虽然在地域空间上具有相对的独立性和完整性，但对于居住区在城市中的位置、分布及规模等的确定，是在城市总体规划阶段，根据城市整体的功能结构、用地布局、道路系统等方面相互协调来完成。

第三节　居住区与居住小区

一、居住小区在城市中的作用

在我国，改革开放以后城市住宅的建设由政府、单位为主体，逐渐转变为由房地产公司为主体。房地产开发经过了十多年蜿蜒曲折的发展道路，已开始走向成熟。纵观在房地产开发中取得良好业绩的楼盘项目，很多集中于有一定规模的开发项目，这些项目之所以成功就在于不仅建造了住宅，更重要的是按照居民的生活需求，配建了较完善的生活设施，注重了绿化的营造，室外活动场所的建设，社区文化的构建，物业管理的保障等，对住区的开发具有整体性和环境意识。

这种整体性的住区开发，以街区为基本空间单位。街区由城市道路分割而成，城市道路间距在 400～500m 之间，所划分的地块，规模大多约在 10～20hm²，恰好与居住小区的规模相当，因此就形成了城市住区建设大量的是以居住小区为单位。居住小区是被城市道路或自然地形所围合的城市空间，是构成城市空间的基本细胞。居住小区的规模主要根据日常公共服务设施成套配置的经济合理性、居民使用的安全和方便、城市道路交通以及自然地形条件、人口密度等综合考虑。一般来说，居住小区的规模以一个小学的最小规模为人口规模的下限，而小区公共服务设施的最大服务半径为用地规模的上限。根据我国各地的调查，通常，居住小区的人口规模约为 5000～15000 人，用地约为 10～20hm²。

二、居住区与居住小区的关系

在城市中构建居住区的一个重要因素，是计划经济时代，经济不发达，物质的欠缺，人们的购买能力有限，再加之政府对居民在购置某些生活用品存在区域限制，商业服务设施严格按计划和等级配置，居住小区只能配置日常生活服务设施，居住区由于地域空间大，人口规模大，对商业服务设施的支撑能力较强，配置的生活服务设施较健全，水平较高，能满足居民对一般生活用品的需求，居民的生活在居住区中能得到基本解决，那时，居住区对于区中的居民来说有着较强的磁力，也有着良好的地域认同感。

然而，由于社会的发展，时代的进步，用地和空间规模都较大的居住区，城市道路穿越其中，原来仅沿着城市主干道分布的城市公共设施和城市其他功能的用地向居住区内部渗透，公共汽车线路也不断向居住区内部延伸，居住区的公共性逐渐增强。在生活设施方面，居民对商品多样性的需求，被更为发达的城市商业设施所吸引，居民对日常生活用品的需求，更趋向于贴近居住生活的居住小区层面，以前居住区的那种生活结构受到了冲击，居民对居住区的地域归属性和认同感大大降低。

居住小区是居住区的第二层面，是被城市道路或自然地形界线所划分的，不可再分割的完整的地域空间单位。从居住小区道路规划的原则"通而不畅"中不难看出，居住小区在布局上强调排除外界的干扰，避免外来交通的穿越，空间整体性较强。居住小区的公共设施配置，有托幼、小学、文化活动站、卫生站、房管段（物业管理）、停车场、日常生活所需的各类服务设施等，不难看出，具有解决日常生活需求的能力，有一定的生活完整性。城市总体规划和分区规划对地块的划分充分考虑房地产开发时的便利性和可行性，居住生活用地的地块大小基本与居住小区的规模相吻合，为居住小区的规划建设提供了基础。因此，把对生活环境的营造和对居住空间的塑造结合在一起，居住小区可以很好地以生活的秩序构建和安排空间秩序，并形成较强的有机构成整体。由于居住区规模过大，城市性过强，企业的经济能力有限，房地产公司在楼盘的开发中，为了更好地实现开发计划，打造企业文化，树立品牌形象，一般将居住小区作为开发建设的最佳选择。综上所述，居住小区在城市的建设发展中和居住社会的构建中，有着积极的作用，对现代居住环境理论的阐释具有典型代表性。居住小区在我国目前的城市住区建设中也充当着重要的角色，有必要对居住小区的规划设计进行系统地了解和学习。

第四节　居住小区规划设计

一、居住小区规划设计的任务与要求

居住小区规划设计的任务概括地说是对居民日常生活中在物质与精神方面的要求，做出合乎其生活活动规律的安排与布置，形成功能齐全、设施配套、服务完善、环境宜人、和谐舒适、安全方便的居住生活环境。

居住小区规划设计是对居民居住生活物质环境的规划设计，但究其物质环境产生的根源是居民的生活需求和精神需求，因此，规划设计一个居住小区，必须要考虑本居住小区的居民是以哪种群体为主的、是否有特殊的宗教信仰和生活习俗、生活需求主要有哪些、生活活动规律怎样等与居住者的生活行为和需求密切相关的内容。

虽然说居住小区是城市中不能再被分割的最小空间单位，但它又是城市的有机构成部分，故进行居住小区规划时，不可只将居住小区看作为一个与周边环境无关联的独立地段，而应考虑居住小区以外街区和所在街道承载的城市生活功能的物质环境形态，在空间结构上、建筑形态上也要与周边地段相协调，这样才能使居住小区融入城市之中，形成有机的整体。

居住小区的类型多种多样，各自存在的问题、拥有的条件和特点、所处的环境与区位、人口的状况不同，规划任务的重点、内容要求的难点就不同。但无论是对哪一类型的居住小区，规划的目标是一致的，就是为居民创造良好的居住环境。对于旧区中的传统住区进行改造规划时，应做大量细致的调查研究，掌握传统住区的分布情况，规划工作以保护为主，更新为辅，适当改造，要保护好传统住区的布局形式、空间形态、建筑风貌、社会结构、生活方式等。近几十年建设起来的那些旧住区，多数随着时间的推移、人口的增长，乱占乱建的现象严重，居住环境恶化，改造规划是重点。改造工作应在不改变社会结构的前提下，以改善居住条件、增加绿化面积、补充健身设施、构建户外活动空间等环境整治为主。注意在旧住区改造规划时，也应根据需要做好调查研究工作，如果旧住区的规划建设在城市发展过程中有着承上启下的作用，可选择规模适宜、形态完整、居住环境良好的地段加以保护和保留。

二、居住小区规划设计的内容与成果

（一）内容

居住小区规划设计的任务根据住区类型的不同其内容也不同，一般包括如下一些内容。

① 选择和确定规划用地的位置、范围；

② 根据规划用地在城市的区位，研究居住小区的定位；

③ 根据居住小区的定位和用地规模确定居住小区的人口及户数，估算各类用地的大小；

④ 拟定应配建的公共设施和允许建设的生产性建筑的项目、规模、数量、分布及布置方式等；

⑤ 拟定居住建筑的类型、数量、层数及布置方式等；

⑥ 拟定居住小区的道路交通系统的构成，各级道路的宽度、断面形式，出入口的位置与数量，机动车与非机动车的停泊数量和停泊方式；

⑦ 拟定绿地、户外休息与活动设施的类型、数量、分布和布置方式等；

⑧ 利用居住小区的自然、人文等要素，拟定景观环境规划；

⑨ 拟定有关市政工程设施规划方案；

⑩ 拟定各项技术经济指标和造价估算。

（二）成果

居住小区规划设计的成果，从形式上来看有文字、图纸和模型等，近年来计算机的大量运用，三维动画的效果让人们对规划设计成果的了解变得更为直观。

1. 现状分析

（1）城市区位分析　从城市整体结构与区位关系分析和认识规划基地的地理位置、自然环境特点、规划发展状况、区位特征等。

（2）区域关系分析　从地段或居住区层面分析基地周边地区的历史文脉、用地功能、道路交通与设施、生活服务设施、景观绿地、休闲活动、空间环境等情况，把握基地的规划结构、出入口位置和公共设施的选择与分布等。

（3）基地分析　分析利用基地内的地形地貌、建设现状、植被绿化、其他可利用的地面附着物及要素等，形成居住小区的布局特点、空间和景观特征等。

2. 规划分析

对居住小区的规划结构与布局、公建系统、景观绿化系统、道路交通系统、空间秩序等的分析。

3. 规划设计方案

（1）总平面图　基地界线与周边道路，住宅建筑的形态、组团分布与空间布局，公建的分布、形态，绿化的布局与种植方式，道路的组织、类型与停车设施的布置等。

（2）邻里生活院落环境设计　出入口空间环境，宅前道路、住宅单元出入口、宅间绿化之间的关系与环境，生活设施、休息座椅、照明设备等小品的设计。

（3）非建筑设计方案图　居住小区中心、重要地段及重要空间节点的平、立、剖面等。

（4）建筑设计方案图　各类住宅及主要公共建筑的平、立、剖面图等。

4. 市政工程规划设计方案

（1）道路交通规划设计图　各类道路断面设计、交叉点坐标、标高、停车场用地界线等。

（2）竖向规划设计　道路竖向、室内外地坪标高、建筑定位、地面排水方向、土方平衡等。

（3）工程管线规划设计　各类市政工程管线的平面、管径、主要控制点标高以及有关设施和构筑物的位置等。

5. 规划设计意向

（1）居住小区鸟瞰图或方案模型。

（2）居住小区中心、重要地段及重要空间节点的环境设计效果示意图等。

（3）主要街道景观示意。

6. 规划设计说明及技术经济指标

（1）规划设计说明　主要包括规划设计依据、任务要求、基地环境、现状、自然条件、人文条件、存在的问题、解决的方法、规划设计方案的特点等内容。

（2）技术经济指标　用地平衡表；基地面积、人口数量、人口密度、住宅套数、容积率、建筑密度、建筑层数、绿化率、建筑总面积、住宅建筑面积等综合指标；公共设施配建项目等。

三、居住小区规划设计的一般方法和步骤

居住小区规划设计不仅是物质形态的规划设计，而且是对居民生活的组织和安排，物质形态产生的本源是居民生活需求和生活活动规律，对于这一点必须要在居住小区的规划

与设计中予以重视,并纳入到居住小区规划设计的方法和步骤中。

（一）方法

1. 邻里生活空间序列组织的方法

有史以来,人们在居住活动中都是以群居的方式,寻求人与人之间的相互依赖和安全。现代社会人们对于居住空间不仅要求有安全感,而且还要求有私密性和归属性。

居住空间的安全感一方面是来自于空间的封闭程度（如设置大门、砌高围墙等）等物质属性,另一方面是来自于人与人的熟识程度和了解程度等社会属性,那么,在邻里生活空间的营造上,就要从这两方面的因素去考虑。物质属性方面要求居住空间是从公共空间到私密空间有层层递进的关系,形成的空间序列如图 2-4 所示,同时还要求私密空间具有较强的闭合性和封闭性。社会属性是建立在物质属性的基础上,通过空间的封闭（或闭合）,使居民在此能有安定的不受干扰的户外生活,在同一空间中长期的户外生活活动,使居民从相遇到相识、从相识到相知,日积月累下来居民之间就建立起了邻里关系,良好的、和谐的邻里关系使得人们在此能寻找到归属感、领域感和安全感。因此,住宅的布置应以邻里生活空间序列为秩序来组织。

图 2-4　空间序列示意图

2. 公共建筑布局的方法

居住小区中公共建筑（公建）的布置方法,是依据公建的特性来安排的。小区公建一般由教育、医疗卫生、文化娱乐、商业服务、金融邮电、行政管理和市政公用等几大类组成,这几类公建的特性各有不同,教育、文化娱乐、行政管理和市政公用主要是为小区配置的,具有一定的内向性和排他性,而医疗卫生、商业服务和金融邮电几类则不同,不仅要服务于小区居民,为了能更好地经营,必须要广开门路,服务于更多的人和更大的范围,因此具有一定的外向性,人们购买日常生活用品还具有顺便的特点,也就意味着在公共建筑布置时,应采用分门别类的方法,将内向性的公建置于小区内部,将外向型的公建置于小区的边缘或出入口位置。

3. 道路布局的方法

居民的出行规律和特点对居住小区的出入口、道路的走向和结构影响较大。出入口是居住小区连接城市的节点,位置的选择要达到方便出行的目的,尤其是主要出入口应置于方便居民出行的城市道路上,例如,公交站线较多的城市道路,或靠近公交站的位置。居住小区主干道除具有组织小区内部交通、引导居民出行的功能以外,还应起到承载小区公共生活的功能。因此,道路走向应与人流主要流动趋势一致,当人流流动趋势不明确时,可选择朝向城市中心、地段中心的趋势。小区主干道是一条布置有较多公共建筑,连续并贯穿小区的平滑、通顺的又不绝对通畅的线性空间。

4. 绿化与户外活动场所布置的方法

居民户外活动的内容、方式和方法直接影响到居住小区的绿化形式和开放空间系统。一般来讲居民的户外活动可以分为三个层面,第一层面为家庭生活的户外展开,如晾晒被褥、衣物,清洗和修理自行车、抽油烟机等家务活动;第二层面为日常生活的户外活动,如日常出入时与邻居相遇进行交谈、幼儿与伙伴的玩耍、取牛奶和报纸、临时停放自行车等行为活动;第三层面为日常休闲活动,如晨练、散步、健身、日常生活物品的购买、儿童的玩耍、社区文化活动、老年保健活动等。第一层面的活动是家庭生活的延伸,应贴近住户,多数是在住宅的单元入口附近展开。第二层面为邻里生活活动，邻里关系的和谐，需要在日常生活空间中为居民营造相遇的机会和交流的可能，并提供安静、安全、稳定的户外活动空间。第三层面为居住小区的社会活动，其内容是丰富多彩的，形式多样的，是整个小区居民户外活动的场所，是小区文化、精神集中体现的地方，在这里应满足各类居民的日常户外活动要求。

据调查分析显示，在居住小区中，参与户外活动的居民主要集中于少年儿童和老年人两大人群（见图2-5），从其活动的特征上来看，老年人没有明显的时间规律，也没有明显的范围和地点；少年儿童则主要集中于下午放学后1～2h的时段，范围和地点主要在学校和幼儿园周围；成年人参与小区户外活动较少，并且活动与接送孩子入托和上下学相关；从内容上来看，老年人的活动分散，但与健身设施、良好的绿化环境有紧密的关系；少年儿童的活动形式多样，总的来看有骑自行车、滑轮滑、跑、跳、游戏等活动，活动需要广场、草地、沙地及其他软质地面，同时还需要绿化、遮荫；成年人的活动主要是接送孩子、购物等，没有特殊要求。

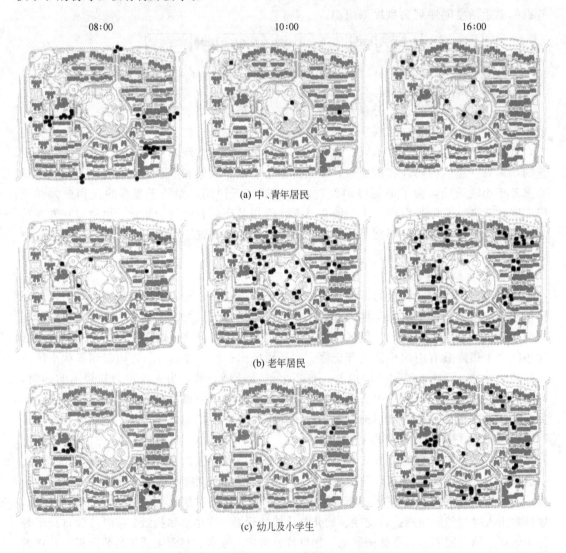

(a) 中、青年居民

(b) 老年居民

(c) 幼儿及小学生

图 2-5 西安某小区居民户外活动及分布情况

居住小区的绿化形式和活动方式是多样化的，但无论怎样变化，居民的基本需求有一定的稳定性，对绿化和户外活动场所的规划设计，应以居民的户外生活需求，安排活动方式、活动内容和绿化形式。

（二）步骤

1. 准备阶段

这个阶段包含了知识准备和生活体验准备两个方面。

（1）理论学习　居住环境理论是居住小区规划设计的指导，理论学习为必备环节，因此，了解城市住区发展变化的轨迹与脉络，系统学习居住环境理论，是居住环境规划设计的第一步。

（2）实例调研、分析　居民的生活需求、生活行为是居住小区规划的根本依据，住区调查、研究是了解居民居住生活的最佳途径。

2. 基础资料收集

进行基地现场踏勘和现状情况调查研究。通过这个阶段的工作，认识规划设计对象，了解规划设计地段所处的周边环境，了解和掌握各种政策与法规，由此可确立规划目标。

3. 规划研究

居住小区规划设计的主要工作阶段。

（1）基地分析。

（2）环境分析（历史背景分析，文脉分析与研究）。

（3）规划结构研究。

（4）总平面布局研究。

（5）邻里生活环境设计。

（6）工程技术方案的研究制定。

4. 成果制作

通过图纸、图像、动画技术以及文字叙述等方式反映和表达规划设计方案意图。

四、居住小区的规划结构

（一）结构的概述

从一般意义上来说，结构是一个事物各个组成部分的搭配和排列关系。居住小区的结构所反映的就是构成居住小区的住宅、公建、道路、绿化等组成要素间的相互关系，这种关系的形成与确定是以居民的日常生活活动规律为依据。适宜的人群规模为住宅组团的确定依据；公共建筑的使用特性决定了公建的分布特性；居民的出行规律和外围的城市道路性质与级别对小区道路的形成及出入口的选择起到了决定性的影响；居民户外活动行为的需要及休闲活动的连续性和不间断性的特点影响了绿化形态的构成。各种因素对各自相关系统产生影响，各系统之间又相互关联并相互影响，再加之用地形态的千差万别，造就了居住小区结构形式的多种多样。

居民的社会组织体系，是影响居住小区住宅布局和空间构成层次的根本原因，因此，在居住小区的各个组成系统中，住宅的布局特点与空间构成的层次特点对居住小区的结构影响是最重要和最直接的，公建的分布、道路的分级、绿化的构成都随住宅空间系统的变化而改变，因而，住宅系统的结构形态对居住小区的结构具有典型的代表性。根据对住宅组织系统的总结、分析和提炼，居住小区结构主要呈现出三种基本结构类型。

(二) 结构的类型

1. 以住宅组团为基本单位组织小区

这种结构形式就是将居民的社会组织划分到千人规模左右的组群，形成的小区——组团两级空间结构，公共服务设施按小区——组团两级设置，形态特征如图2-6所示。这种形式比较强调组团的作用，形成以组团绿化为主的绿化特点，把居民自治管理机构——居

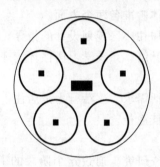

■ 居住小区级公共服务设施
■ 住宅组团级公共服务设施

(a) 住宅组团组织小区的
两级结构模式示意

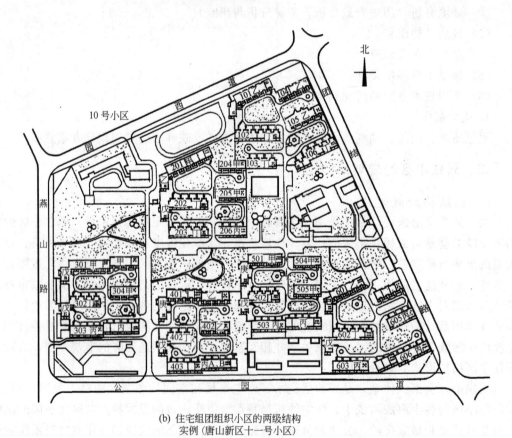

(b) 住宅组团组织小区的两级结构
实例 (唐山新区十一号小区)

图 2-6　以住宅组团为基本单位组织的小区

委会、居民日常活动场所——组团绿地、给居民生活提供日用品的小商店紧密结合。

2. 以邻里生活院落为基本单位组织小区

其结构形式是居住小区——邻里生活院落两个层级空间，这种方式的小区直接由邻里生活院落构成（见图2-7）。邻里生活院落是一个居民接触最频繁、最熟悉，与家联系最密切，甚至可以把一些家务活动拿到这里来进行（比如晾晒被褥、衣物，清洗和修理一些家用器具等活动），行为能力较差的老人日常活动，幼儿可以不在家长的看护下玩耍的近宅的、安全的、较私密的户外生活空间。规模的设定以幼儿能寻找到3～5名同龄伙伴为人群基础，其空间环境一般由住宅建筑围合而成，形式有两栋建筑围合式（见图2-8）、三栋建筑围合式（见图2-9）及多栋建筑围合式等（见图2-10）。邻里生活院落内可设置门卫或奶站等小型公共设施。

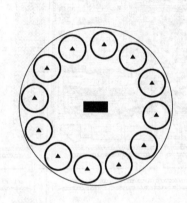

■ 居住小区级公共服务设施

▲ 邻里生活基本单位级公共服务
　　设施

(a) 邻里生活院落组织小区的两级结构模式示意图

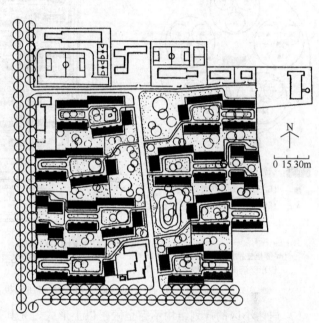

(b) 邻里生活院落组织小区的两级结构实例（富强西里）

图 2-7　以邻里院落为基本单位组织的小区

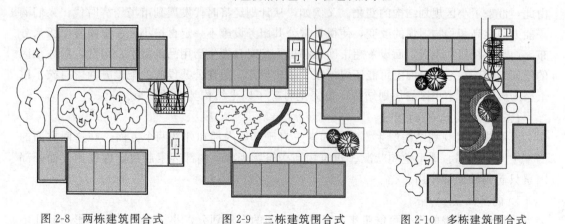

图 2-8　两栋建筑围合式　　　图 2-9　三栋建筑围合式　　　图 2-10　多栋建筑围合式

3. 以邻里生活院落和住宅组团组织小区

这种结构也即是以 2～3 个邻里生活院落组成住宅组团，由住宅组团再组成居住小区，也就是所谓的三级结构模式（见图 2-11）。公共服务设施的设置主要以小区为主，住宅组团为辅，住宅组团主要设置居委会和小型商店等设施。在绿化系统规划有小区、组团和邻里院落三级，且以小区和邻里院落为主，在管理上组团可形成一个基层管理单位。

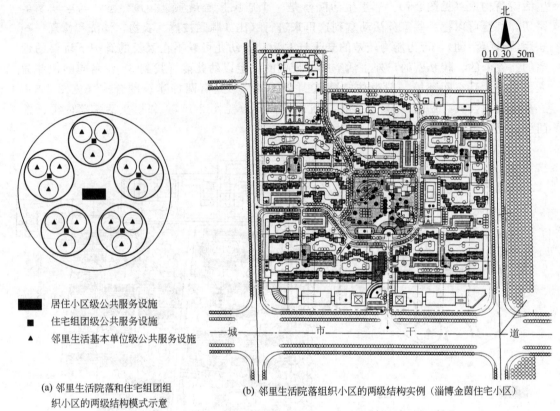

■ 居住小区级公共服务设施

■ 住宅组团级公共服务设施

▲ 邻里生活基本单位级公共服务设施

(a) 邻里生活院落和住宅组团组
织小区的两级结构模式示意

(b) 邻里生活院落组织小区的两级结构实例（淄博金茵住宅小区）

图 2-11　以邻里院落和住宅组团组织的小区

居住小区的规划结构不完全限于以上形式，尤其是近年来，随着社会的发展、经济实力的增强、人民生活水平的提高、房地产业的不断推进，居住小区的规划结构也发生了很大的变化。例如，汽车进入居民生活以后，引起了规划设计人员对居住小区中人车分流的探讨，由此，带来了小区规划结构的变化。又例如，从计划经济时代发展到市场经济时代，人们购买能力的提高和购物习惯的改变，使得日常公共服务设施不一定再按小区、组团等层级来分布，而是只在居住小区层面设置超市即可解决人们对日常生活用品的需求，因此，居住小区的规划结构，在空间层面上可能还保持以上结构形式，但在公共设施的配置方面就打破了以上格局。高层住宅小区的规划结构，也完全打破了以上结构类型的约束。

（三）影响结构的因素

对居住小区规划结构产生影响的因素来自于基地内部和外部两个方面，在这两方面的因素中基地形态、地形地貌状况、建筑物和构筑物现状等内部因素起决定性作用，而外部因素只起到辅助性作用。

1. 内部因素

（1）地形地貌的变化可能带来小区内部空间的自然划分，小区空间的变化影响到住宅组团的划分与组合变化，开放空间的起伏、开合的变化，绿化形式的多样化，从而可以使小区的规划结构随着地形的变化弯曲、迂回、转折、聚合与扩散等。其变化的多样性远远大于地形平坦的地块。如广州红岭花园，其用地坡度较大，道路没有使用常规的直线型，而是利用曲线，结合地形组织住宅组团（见图2-12）。

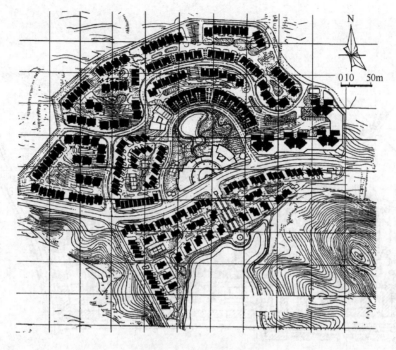

图 2-12　广州红岭花园

（2）建设现状的存在，直接影响到住宅的布局、公建的分布、道路的走向和绿化的布置，而且还要在规划设计中考虑新建内容与现状的关系，这种看似布局的变化，实质是对规划结构的影响，才产生出来的变化。如济南佛山苑小区，在规划建设中保留了部分原有建筑，并在组织住宅组团和道路系统时，对现状做了充分的考虑，形成了合理可行的规划结构（见图2-13）。

（3）水系、绿地等生态因素，在进行小区的结构构思时，应尽可能地予以保留，并应作为有利条件合理利用，使得小区结构特色鲜明，特征突出。例如湖州白鱼潭小区规划，很好地利用了流经区内的河流，使之成为小区的休闲场所和景观廊道，使方案富有特色（见图2-14）。

2. 外部因素

（1）区域因素。如果一个居住小区所在的城市地段已经是建成区，生活环境、工作环境和社会环境也已成熟，那么该居住小区无论是在功能结构、空间结构还是在道路交通的组织上，一定要与周边区域相和谐，做到功能互补、空间连续、交通组织协调，不能只考虑自身的功能完善和空间完整。另外，若小区建设在非建成环境中，对周边自然环境（如山体、水系、林地等）中的有利因素应加以利用，不利因素应避让等，都会影响到规划结构。如图2-15所示，苏州三园小区规划对用地周边的水系利用。

（2）建设环境。与居住小区相邻的建筑、道路、广场、绿化、学校、工厂及其他市政设施都有可能影响到小区的规划结构。

（3）社会环境。居住小区规划设计从形式来看，是一个物质环境的规划，但其物质环境形成的根源是居住生活，居住生活包含了生活方式、居住文化、邻里关系、居住形态、社会组织等，构思和研究小区规划结构时，应对这些问题进行深入的探讨，使结构能尊重

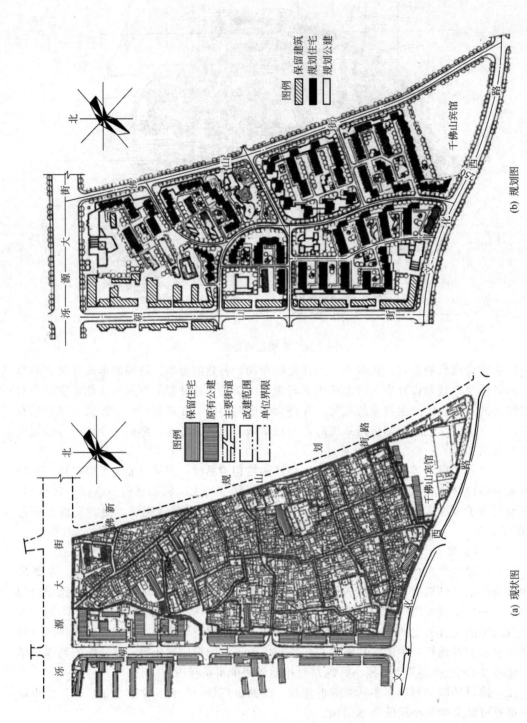

图 2-13　济南佛山苑小区

(a) 现状图

(b) 规划图

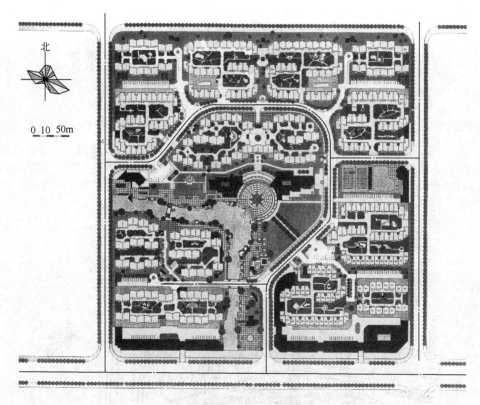

图 2-14　湖州白鱼潭小区

并反映当地的历史文脉及居民生活模式。例如北京恩济里小区（图 2-16）的住宅组团吸收了北京传统四合院的形式，发扬了"内向、封闭、房子包围院子"的优点，周边设透空栏杆，只留一个出入口，居委会设在组团出入口的住宅底层。

五、居住小区的规划布局特点

居住小区的规划布局，是依据规划结构将各组成要素：住宅、公建、道路和绿地等，通过一定的规划手法和处理方式，将其全面、系统地组织、安排、落实到规划用地中的适当位置，使居住小区成为方便的、有机的、优美的、舒适的居民居住生活环境。规划布局应按相关规范和一定的建筑布置原则，综合考虑各种因素，充分利用自然地形地貌、有效使用土地，恰当处理住宅、公建、道路和绿地四项用地之间的关系，协调建筑、道路、绿地和空间环境等各方面的相互关系，以适应居民物质与文化、生理和心理、动和静的要求以及体现地方特色。对于居住小区的规划布局，必须体现以下几个方面的特点。

（一）整体布局的合理与有机

居住小区作为城市的构成细胞，应为改善其所在地区的生活环境、社会环境做出贡献。因而小区的布局在建筑形态、环境特色、道路组织、绿化体系与景观构成等方面与周边环境应形成有机的联系；在居住小区的内部布局上要形成空间完整、布局合理、功能完善、层次分明的整体环境。

（二）住宅布局层次分明

居住小区的住宅布置依据居民居住环境方面寻求领域感和归属感的心理，形成从小区——组团——邻里生活院落的层次分明的层层递进的空间秩序，是小区住宅布局的特

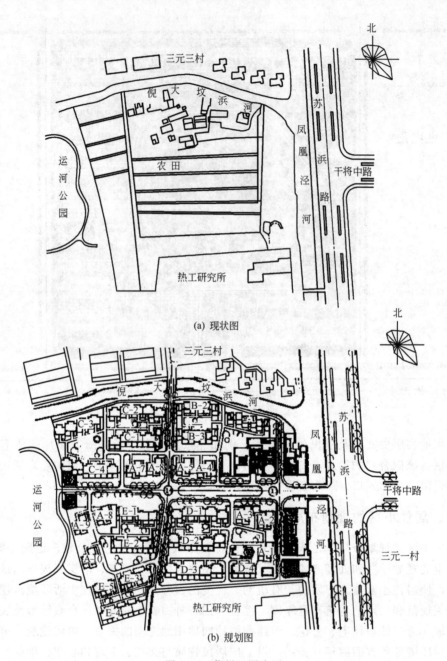

(a) 现状图

(b) 规划图

图 2-15　苏州三园小区

点。小区空间层面所承载的是本小区居民的公共生活活动；组团层面给居民提供的是具有半公共特性的生活活动空间，是可以保持相互之间亲密的人际关系的最大界限；邻里生活院落空间层面提供的是居民生活的半私密活动空间，是居民日常生活活动的主要场所，是居民家庭生活空间的延伸，是邻里交往的重要场所。

（三）公共服务设施布局得当、方便

公共服务设施是为满足居民生活基本所需而配建的，应以方便使用而不干扰生活为准则。按照公共服务设施的特性，社区服务、文化娱乐及行政管理类宜布置在居住小区中心；商业服务、金融邮电等需要考虑一定经营效益的设施宜布置在小区出入口、道路边沿

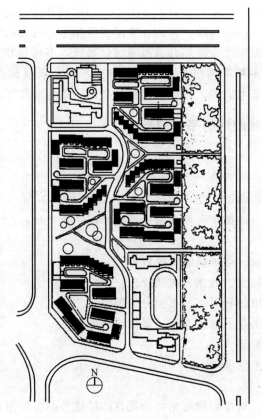

图 2-16　北京恩济里小区

等居民交通便捷、人流量较大的位置，中小学布置应避开小区人流主要出入口。

（四）绿地与景观布局协调、美观

居住小区中的各种规划因素均有其内在联系，而内在联系的核心就是居民，因而要从满足居民居住生活的要求出发，考虑、安排和处理好建筑、道路、广场、院落、绿地、建筑小品等物质系统之间，物质系统与人的活动之间的相互关系，使居住小区成为有机的整体和空间层次协调丰富的群体，需要绿化和景观系统来组织和协调。绿地系统规划应充分利用自然条件，结合居民户外活动的特点来组织，形成点、线、面相结合的绿化系统。

（五）道路广场布局便捷、顺畅

居住小区道路担负着划分割地块及联系不同功能用地的双重职能，应做到合理组织人流、车流和车辆停放，为居民创造安全、安静、方便的居住环境。良好的道路骨架，不仅能为各种设施的合理安排提供适宜的地块，也可为建筑物、公共绿地等的布置及创造有特色的环境空间提供有利条件。居住小区的道路的布局既要通顺又要避免将外部车流、人流引入。因此，小区道路的组织要做到通而不畅的效果，道路线型要尽可能平顺，不要出现生硬转弯，以方便消防、救护、搬家、清运垃圾等机动车辆的转弯和出入。

除以上因素外，小区道路布局形式，也受到人行与车行关系的影响。

（六）建筑形式多样、易识别

建筑设计和群体布置多样化，是居住小区规划设计中应考虑的重要内容。要达到多样化的目的，首先，要重视体现地方特色和建筑物本身的个性，如对建筑单体，南方宜通透，北方宜封闭；对群体的布置，南方宜开敞，以利通风降温，北方宜南敞北闭，以利太阳照射升温和防止北面风沙的侵袭；其次，要根据居住小区规划的整体构思，单体结合群体，造型结合色调，平面结合空间综合进行考虑；第三，多样化和空间层次丰富，并不单纯体现在型体多、颜色多和群体组合花样多等方面，还必须强调在协调的前提下，求多样、求丰富、求变化的基本原则，否则只能得到杂乱无章、面貌零乱的效果。

六、居住小区规划设计的基础资料

（一）自然资料

1. 地形图

（1）规划设计地段近期地形图，比例尺：1：1000～1：2000。

（2）规划设计地段所在城市区域环境近期地形图，比例尺：1：5000～1：10000。

2. 气象

规划地段所在城市或所处区域的气象资料。

（1）风向：常年的风向、风速、风频等。

（2）日照：所在城市的日照率、日照分区等。

（3）降水：年均降水量、降水强度、暴雨频率等。

（4）湿度：大气湿度等。

（5）冰冻：最大冻土深度等。

3. 水文

（1）地表水的情况：与规划地段相邻的水系的径流方向、流量、水位变化、洪水淹没线等情况，水的化学与物理特性，污染情况等。

（2）规划地段的地下水的情况：最高水位，最低水位等。

4. 工程地质

（1）规划地段或相邻地段的地质构造，土壤特性及地基承载力。

（2）规划地段及邻近地区的不良地质现象：滑坡、崩塌、熔岩、断裂带及活动情况等。

（3）规划地段所在城市或所处区域的地震情况与地震烈度设防等级。

5. 植被

规划地段的植被覆盖情况，如分布、种类、规模等。

（二）人文资料

（1）基地环境资料：规划地段所处地区的社会环境、用地构成、设施分布等。

（2）历史文化资料：规划地段及所处地区的历史沿革、名胜古迹、历史遗迹、名人轶事、民族文化、风俗习惯等。

（三）规划资料

（1）城市规划资料：与规划地段的定性定量研究有关的城市规划资料，包括：城市总体规划、分区规划、控制性详细规划及其他相关规划等。

（2）相关规划建设资料：城市关于城市规划与建设的管理规定等。

（四）政策、法规资料

（1）国家、省（直辖市、自治区）关于住区规划建设的政策、法规。

（2）城市关于住区规划建设的政策、法规。

第五节 居住区规划的综合指标

指标是衡量和评价居住区功能构成的合理程度、设施水平状况的量化标准。

一、用地指标

用地指标反映居住区规划的功能构成，用地指标由各类用地的总量、各部分所占比例及人均指标三部分组成。其用地指标包含：居住区总用地、住宅建设用地、公共服务设施用地、道路广场用地、绿化用地及其他用地。

（一）居住区总用地

居住区的用地范围应指被自然界线、城市道路界线或人为划定的界线所围合的建设地块。其用地包含了住宅建设用地、公共建筑及附属设施建设用地、道路广场及停车场用地、绿化种植及景观小品设施用地、其他一些与居住区相关的生产建筑用地、市政公用设施用地，建筑后退道路红线的用地，这些用地参与居住区的用地平衡（参见表2-1，居住区用地平衡表）。以下几种情况的用地不包含在内：设施在居住区内，但其设施或建筑本身是服务于整个城市或区域范围的，如城市级的商业服务设施、社会停车场、城市绿地、综合办公楼、规模较大且主要就业人员不是本居住区居民的工厂、综合批发市场等。

表 2-1　居住区用地平衡表

项　目	用地面积/hm²	各类用地所占比例/%	人均用地面积/(m²/人)
一、居住区用地（R）	▲	100	▲
1. 住宅用地（R01）	▲	▲	▲
2. 公建用地（R02）	▲	▲	▲
3. 道路用地（R03）	▲	▲	▲
4. 公共绿地（R04）	▲	▲	▲
二、其他用地	△	—	—
居住区规划总用地	△	—	—

注：▲为参与居住区用地平衡的项目；△为参与居住区用地平衡的项目。

为使居住区功能完善、协调，各项用地的比例须达到协调、平衡，其基本控制指标应符合表2-2居住区用地平衡控制指标的规定。居住区的人口容纳量与气候、日照有密切的关系，同时也受到居住建筑形式的影响，因此，对于人均用地指标要符合表2-3人均居住区用地控制指标的规定。

表 2-2　居住区用地平衡控制指标/%

用　地　构　成	居　住　区	小　区	组　团
1. 住宅用地（R01）	50～60	55～65	70～80
2. 公建用地（R02）	15～25	12～22	6～12
3. 道路用地（R03）	10～18	9～17	7～15
4. 公共绿地（R04）	7.5～18	5～15	3～6
居住区用地（R）	100	100	100

表 2-3　人均居住区用地控制指标/(m²/人)

居住规模	层　数	建筑气候区划		
		Ⅰ、Ⅱ、Ⅵ、Ⅶ	Ⅲ、Ⅴ	Ⅳ
居住区	低　层	33~47	30~43	28~40
	多　层	20~28	19~27	18~25
	多层、高层	17~26	17~26	17~26
小　区	低　层	30~43	28~40	26~37
	多　层	20~28	19~26	18~25
	中高层	17~24	15~22	14~20
	高　层	10~15	10~15	10~15
组　团	低　层	25~35	23~32	21~30
	多　层	16~23	15~22	14~20
	中高层	14~20	13~18	12~16
	高　层	8~11	8~11	8~11

注：各项指标按每户 3.2 人计算。建筑气候区划应符合《城市住区规划设计规范》(GB 50180—93　2002 年版)附录 A 第 A.0.1 条的规定。

（二）住宅建设用地

住宅建设用地是指住宅基底和住宅前后左右必要有的安全、卫生防护用地，住宅前后的用地以日照间距的一半来计算，住宅左右的用地以消防通道的安全要求来计算。宅间通道、住宅底层住户的私用小院、宅间绿地和活动场地均包含在住宅建设用地内。

（三）公共服务设施用地

公共服务设施用地指居住区的公共建筑及附属设施用地。对于用地界线明确的设施，如小学校、托儿所、幼儿园等以本设施使用范围内的用地来统计；对于用地界线不明确的设施，如社区中心、商业服务设施、管理设施、自行车棚等，用地包括建筑基底面积、附设的停车场面积、建筑出入口广场面积、绿化面积、安置室外设施的面积。

（四）道路广场用地

道路广场用地指居住区内，除宅间道路以上，城市道路以下的车行和人行道路界线内的用地，为组织交通和疏散人流而设置的广场用地，为本居住区居民服务的不在其他设施内的停车场用地。

（五）绿化用地

绿化用地指居住区的公共中心绿地、组团绿地、邻里生活院落绿地及其他绿化面积大于 400m² 的绿地。对于邻里生活院落绿化面积的统计可参照表 2-4 的规定。

表 2-4　院落式组团绿地设置规定

封闭型绿地		开敞型绿地	
南侧多层楼	南侧高层楼	南侧多层楼	南侧高层楼
$L \geqslant 1.5L_2$	$L \geqslant 1.5L_2$	$L \geqslant 1.5L_2$	$L \geqslant 1.5L_2$
$L \geqslant 30m$	$L \geqslant 50m$	$L \geqslant 30m$	$L \geqslant 50m$
$S_1 \geqslant 800m^2$	$S_1 \geqslant 1800m^2$	$S_1 \geqslant 500m^2$	$S_1 \geqslant 1200m^2$
$S_2 \geqslant 1000m^2$	$S_2 \geqslant 2000m^2$	$S_2 \geqslant 600m^2$	$S_2 \geqslant 1400m^2$

注：1. L—南北两楼正面间距，m；L_2—当地住宅的标准日照间距，m；S_1—北侧为多层楼的组团绿地面积，m²；S_2—北侧为高层楼的组团绿地面积，m²。

2. 开敞型院落式组团绿地应符合《城市居住区规划设计规范》(GB 50180—93　2002 年版) 附录 A 第 A.0.4 条规定。

（六）其他用地

其他用地主要是指居住区内不包含在上述用地中的其他类用地，如市政设施用地等。

二、设施指标

居住区的设施配建以能满足居民日常生活需求为基本目标，配建的项目与内容涉及到教育、医疗保健、文化体育、商业服务、金融邮电、社区服务、市政公用和行政管理八大类（见表2-5，公共服务设施控制指标）。

表2-5　公共服务设施控制指标/(m²/千人)

类　别		居　住　区		小　区		组　团	
		建筑面积	用地面积	建筑面积	用地面积	建筑面积	用地面积
总　指　标		1668~3293 (2228~4213)	2172~5559 (2762~6329)	968~2397 (1338~2977)	1091~3835 (1491~4585)	362~856 (703~1356)	488~1058 (868~1578)
其中	教　育	600~1200	1000~2400	330~1200	700~2400	160~400	300~500
	医疗卫生 （含医院）	78~198 (178~398)	138~378 (298~548)	38~98	78~228	6~20	12~40
	文　体	125~245	225~645	45~75	65~105	18~24	40~60
	商业服务	700~910	600~940	450~570	100~600	150~370	100~400
	社区服务	59~464	76~668	59~292	76~328	19~32	16~28
	金融邮电 （含银行、邮电局）	20~30 60~80	25~50	16~22	22~34	—	—
	市政公用 （含居民存车处）	40~150 (460~820)	70~360 (500~960)	30~140 (400~720)	50~140 (450~760)	9~10 (350~510)	20~30 (400~550)
	行政管理及其他	46~96	37~72	—	—	—	—

注：1. 居住区级指标含小区和组团级指标，小区级指标含组团指标。

2. 公共服务设施总用地的控制指标应符合表2-2居住区用地平衡控制指标的规定。

3. 总指标未含其他类，使用时应根据规划设计要求确定本类面积指标。

4. 小区医疗卫生类未含门诊所。

5. 市政公用类未含锅炉房，在采暖地区应自选确定。

设施配建的水平，必须与居住人口的规模相对应，设施规模依据千人指标确定，但对于规模过小的设施也应达到一般规模，不能因为规模过小而遗漏必需的公共设施。公共设施是居民物质生活需求的基本保障，因此，对于新建住区，要做到同步规划、同步建设和同时投入使用。关于公共服务设施各项目的设置见表2-6公共服务设施各项目的设置规定。

公共设施是为了满足居民物质与精神生活需求的，设施的项目与规模配置应根据居住区居民的生活习惯、生活方式、民族信仰、地方风俗、居民构成的特征（包括职业、收入、爱好、年龄等）、设施的经营效益和市场状况等加以调整，使居住区公共设施在保障居民基本生活的基础上，能体现出不同地区、不同城市，不同住区的特点和特色。

国家规范规定居住区内公共活动中心、集贸市场和人流较多的公共建筑，必须配建相应的停车场（库），配建停车场（库）的数量，应符合表2-7配建公共停车场（库）停车位控制指标的规定。

表 2-6 公共服务设施各项目的设置规定

类别	项目名称	服务内容	设置规定	每处一般规模	
				建筑面积/m²	用地面积/m²
教育	(1)托儿所	保教小于 3 周岁儿童	(1)设于阳光充足,接近公共绿地,便于家长接送的地段 (2)托儿所每班按 25 座计;幼儿园每班按 30 座计 (3)服务半径不宜大于 300m;层数不宜高于 3 层 (4)三班和三班以下的托、幼园所,可混合设置,也可附设于其他建筑,但应有独立院落和出入口,四班和四班以上的托、幼园所,其用地均应独立设置	—	4 班≥1200 6 班≥1400 8 班≥1600
	(2)幼儿园	保教学龄前儿童	(5)八班和八班以上的托、幼园所,其用地应分别按每座不小于 7m² 或 9m² 计 (6)托、幼建筑宜布置于可挡寒风的建筑物的背风面,但其生活用房应满足底层满窗冬至日不小于 3h 的日照标准 (7)活动场地应有不少于 1/2 的活动面积在标准的建筑日照阴影线之外	—	4 班≥1500 6 班≥2000 8 班≥2400
	(3)小学	6～12 周岁儿童入学	(1)学生上下学穿越城市道路时,应有相应的安全措施 (2)服务半径不宜大于 500m (3)教学楼应满足冬至日不小于 2h 的日照标准	—	12 班≥6000 18 班≥7000 24 班≥8000
	(4)中学	12～18 周岁青少年入学	(1)在拥有 3 所或 3 所以上中学的居住区内,应有一所设置 400m 环行跑道的运动场 (2)服务半径不宜大于 1000m (3)教学楼应满足冬至日不小于 2h 的日照标准	—	18 班≥11000 24 班≥12000 30 班≥14000
医疗卫生	(5)医院	含社区卫生服务中心	(1)宜设于交通方便,环境较安静地段 (2)10 万人左右则应设一所 300～400 床位医院 (3)病房楼应满足冬至日不小于 2h 的日照标准	12000～18000	15000～25000
	(6)门诊所	或社区卫生服务中心	(1)一般 3 万～5 万人设一处,设医院的居住区不再设独立门诊 (2)设于交通便捷,服务距离适中的地段	2000～3000	3000～5000
	(7)卫生站	社区卫生服务站	1 万～1.5 万人设一处	300	500
	(8)护理院	健康状况较差或恢复期老年人日常护理	(1)最佳规模为 100～150 床位 (2)每床位建筑面积≥30m² (3)可与社区卫生服务中心合设	3000～4500	

类别	项目名称	服务内容	设置规定	每处一般规模	
				建筑面积/m²	用地面积/m²
文化体育	(9)文化活动中心	小型图书馆、科普知识宣传与教育;影视厅、舞厅、游艺厅、球类、棋类活动室;科技活动、各类艺术训练班及青少年和老年人学习活动场地、用房等	宜结合或靠近同级中心绿地安排	4000~6000	8000~12000
	(10)文化活动站	书报阅览、书画、文娱、健身、音乐欣赏、茶座等主要供青少年和老年人活动	(1)宜结合或靠近同级中心绿地安排 (2)独立性组团也应设置本站	400~600	400~600
	(11)居民运动场、馆	健身场地	宜设置60~100m直跑道和200m环形跑道及简单的运动设施	—	10000~15000
	(12)居民健身设施	篮、排球及小型球类场地,儿童及老年人活动场地和其他简单运动设施等	宜结合绿地安排	—	—
商业服务	(13)综合食品店	粮油、副食、糕点、干鲜果品等		居住区:1500~2500 小区:800~1500	—
	(14)综合百货店	日用百货、鞋帽、服装、布匹、五金及家用电器等	(1)服务半径:居住区不宜大于500m;居住小区不宜大于300m (2)地处山坡的居住区,其商业服务设施的布点除满足服务半径的要求外,还应考虑上坡空手,下坡负重的原则	居住区:2000~3000 小区:400~600	—
	(15)餐饮	主食、早点、快餐、正餐等		—	—
	(16)中西药店	汤药、中成药及西药等		200~500	—
	(17)书店	书刊及音像制品		600~1000	—
	(18)市场	以销售农副产品和小商品为主	设置方式应根据气候特点与当地传统的集市要求而定	居住区:1000~1200 小区:500~1000	居住区:1500~2000 小区:800~1500
	(19)便民店	小百货、小日杂	宜设于组团的出入口附近	—	—
	(20)其他第三产业设施	零售、洗染、美容美发、照相、影视文化、休闲娱乐、洗浴、旅店、综合修理以及辅助就业设施等	具体项目、规模不限	—	—

类别	项目名称	服务内容	设 置 规 定	每处一般规模	
				建筑面积/m²	用地面积/m²
金融邮电	(21)银行	分理处	宜与商业服务中心结合或邻近设置	800～1000	400～500
	(22)储蓄所	储蓄为主		100～150	—
	(23)电信支局	电话及相关业务等	根据专业规划需要设置	1000～2500	600～1500
	(24)邮电所	邮电综合业务,包括电报、电话、信函、包裹、兑汇和报刊零售等	宜与商业服务中心结合或邻近设置	100～150	—
社区服务	(25)社区服务中心	家政服务、就业指导、中介、咨询服务、代客定票、部分老年人服务设施等	每小区设置一处,居住区也可合并设置	200～300	300～500
	(26)养老院	老年人全托式护理服务	(1)一般规模为150～200床位 (2)每床位建筑面积≥40m²	—	—
	(27)托老所	老年人日托(餐饮、文娱、健身、医疗保健等)	(1)一般规模为30～50床位 (2)每床位建筑面积20m² (3)宜靠近集中绿地安排,可与老年活动中心合并设置	—	—
	(28)残疾人托养所	残疾人全托式护理	—	—	—
	(29)治安联防站	—	可与居(里)委会合设	18～30	12～20
	(30)居(里)委会(社区用房)	—	300～1000户设一处	30～50	—
	(31)物业管理	建筑与设备维修、保安、绿化、环卫管理等	—	300～500	300
市政公用	(32)供热站或热交换站	—	—	根据采暖方式确定	
	(33)变电室	—	每个变电室负荷半径不应大于250m;尽可能设于其他建筑内	30～50	—
	(34)开闭所	—	1.2万～2.0万户设一所;独立设置	200～300	≥500
	(35)路灯配电室	—	可与变电室合设于其他建筑内	20～40	—
	(36)燃气调压站	—	按每个中低高压站负荷半径500m设置;无管道燃气地区不设	50	100～120

类别	项目名称	服务内容	设　置　规　定	每处一般规模	
				建筑面积/m²	用地面积/m²
市政公用	(37)高压水泵房	—	一般为低水压区住宅加压供水附属工程	40～60	
	(38)公共厕所	—	每1000～1500户设一处，宜设于人流集中处	30～60	60～100
	(39)垃圾转运站	—	应采用封闭式设施，力求垃圾存放和转运不外露，当用地规模为0.7～1km²设一处，每处面积不应小于100m²，与周围建筑物的间隔不应小于5m	—	—
	(40)垃圾收集点	—	服务半径不应大于70m，宜采用分类收集		
	(41)居民存车处	存放自行车、摩托车	宜设于组团向或靠近组团设置，可与居(里)委会合设于组团的入口处	1～2辆/户；地上0.8～1.2m²/辆；地下1.5～1.8m²/辆	
	(42)居民停车场、库	存放机动车	服务半径不宜大于150m	—	—
	(43)公交始末站	—	可根据具体情况设置	—	—
	(44)消防站	—	可根据具体情况设置	—	—
	(45)燃料供应站	煤或罐装燃气	可根据具体情况设置	—	—
行政管理及其他	(46)街道办事处	—	3万～5万人设一处	700～1200	300～500
	(47)市政管理机构(所)	供电、供水、雨污水、绿化环卫等管理与维修	宜合并设置	—	—
	(48)派出所	户籍治安管理	3万～5万人设一处；应有独立院落	700～1000	600
	(49)其他管理用房	市场、工商税务、粮食管理等	3万～5万人设一处；可结合市场或街道办事处设置	100	—
	(50)防空地下室	掩蔽体、救护站、指挥所等	在国家确定的一、二类人防重点城市中，凡高层建筑下设满堂人防，另以地面建筑面积2%配建。出入口宜设于交通方便的地段，考虑平战结合	—	—

表 2-7　配建公共停车场（库）停车位控制指标

名　　称	单　　位	自 行 车	机 动 车
公共中心	车位/100m² 建筑面积	≥7.5	≥0.45
商业中心	车位/100m² 营业面积	≥7.5	≥0.45
集贸市场	车位/100m² 营业场地	≥7.5	≥0.30
饮食店	车位/100m² 营业面积	≥3.6	≥0.30
医院、门诊所	车位/100m² 建筑面积	≥1.5	≥0.30

注：1. 本表机动车停车车位以小型汽车为标准当量表示。

2. 其他各型车辆车位的换算办法，应符合《城市居住区规划设计规范》（GB 50180—93　2002 年版）第 11 章中有关规定。

三、其他指标

以上两类指标反映的是住区功能构成与完善状况，对于住区的环境质量状况，可居住性等通过建设强度指标和环境指标来控制和衡量。

（一）建设强度指标

建设强度是指在开发建设中，控制与核定规划建设用地内建筑量的指标。其指标有容积率、建筑密度、总建筑面积、分类建筑面积。

容积率是控制和反映规划建设地段建筑建设总量的指标，住区所处的区位、居住建筑的层数影响容积率，区位好、层数高会使容积率增高，反之则降低。容积率的计算是总建筑面积与总用地面积之比。其控制指标见表 2-8。

表 2-8　住宅容积率控制指标/（万 m²/hm²）

住 宅 层 数	建筑气候区划		
	Ⅰ、Ⅱ、Ⅵ、Ⅶ	Ⅲ、Ⅴ	Ⅳ
低　　层	1.10	1.20	1.30
多　　层	1.70	1.80	1.90
中 高 层	2.00	2.20	2.40
高　　层	3.50	3.50	3.50

注：1. 建筑气候区划应符合《城市位区规划设计规范》（GB 50180—93　2002 年版）附录 A 第 A.0.1 条的规定。

2. 混合层取两者的指标值作为控制指标的上、下限值。

3. 本表不计入地下层面积。

建筑密度控制和体现的是住区建筑占地的比率，反过来也可看作是住区中的空地率。建筑密度受到居住建筑层数、建筑朝向、住宅建筑日照标准等的影响。建筑密度与容积率相互关联，一般来说，居住建筑的层数越高，容积率越高，而建筑密度则越低，反之，居住建筑层数越低，容积率就低，建筑密度则升高。但如果居住建筑层数相同时，建筑密度越高，容积率就越高。

总建筑面积反映的是住区各类建筑建设的总量，分类建筑面积分别反映的是公共建筑与居住建筑的建设量。居住建筑与公共建筑的比例协调，住区的功能就较合理。并且也可通过居住建筑总面积、居住人口和户数来审核住区的居住标准和居住水平。

（二）环境指标

影响住区环境的因素主要有绿化、人口、建筑等方面，涉及绿化的指标有绿地率、人均绿地面积、绿地面积；人口方面影响环境的有人口密度、人均居住建筑面积等指标；与建筑相关的指标有建筑密度、日照间距、住宅建筑面积密度。住宅建筑日照、住宅建筑净密度的要求随建筑气候区划的变化而不同，其要求详见表 2-9 和表 2-10。

表 2-9　住宅建筑日照标准

建筑气候区划	Ⅰ、Ⅱ、Ⅲ、Ⅶ气候区		Ⅳ气候区		Ⅴ、Ⅵ气候区
	大城市	中小城市	大城市	中小城市	
日照标准日	大　寒　日			冬　至　日	
日照时数/h	≥2		≥3		≥1
有效日照时间带/h	8~16			9~15	
日照时间计算起点	底层窗台面				

注：1. 建筑气候区划应符合《城市居住区规划设计规范》（GB 50180—93　2002 年版）附录 A 第 A.0.1 条的规定。
2. 底层窗台面是指距室内地坪 0.9m 高的外墙位置。

表 2-10　住宅建筑净密度控制指标/%

住宅层数	建筑气候区划		
	Ⅰ、Ⅱ、Ⅳ、Ⅶ	Ⅲ、Ⅴ	Ⅳ
低　层	35	40	43
多　层	28	30	32
中高层	25	28	30
高　层	20	20	22

注：1. 建筑气候区别应符合《城市居住区规划设计规范》（GB 50180—93　2002 年版）附录 A 第 A.0.1 条的规定。
2. 混合层取两者的指标值作为控制指标的上、下限值。

表 2-11　综合技术经济指标系列一览表

项　目	计量单位	数值	所占比重/%	人均面积/(m²/人)
居住区规划总用地	hm²	▲	—	—
1. 居住区用地（R）	hm²	▲	100	▲
①住宅用地（R01）	hm²	▲	▲	▲
②公建用地（R02）	hm²	▲	▲	▲
③道路用地（R03）	hm²	▲	▲	▲
④公共绿地（R04）	hm²	▲	▲	▲
2. 其他用地	hm²	▲	—	—
居住户（套）数	户（套）	▲	—	—
居住人数	人	▲	—	—
户均人口	人/户	▲	—	—
总建筑面积	万 m²	▲	—	—
1. 居住区用地内建筑总面积	万 m²	▲	100	▲
①住宅建筑面积	万 m²	▲	▲	▲
②公建面积	万 m²	▲	▲	▲
2. 其他建筑面积	万 m²	△	—	—
住宅平均层数	层	▲	—	—
高层住宅比例	%	△	—	—
中高层住宅比例	%	△	—	—
人口毛密度	人/hm²	▲	—	—
人口净密度	人/hm²	△	—	—
住宅建筑套密度（毛）	套/hm²	▲	—	—
住宅建筑套密度（净）	套/hm²	▲	—	—
住宅建筑面积毛密度	万 m²/hm²	▲	—	—
住宅建筑面积净密度	万 m²/hm²	▲	—	—
居住区建筑面积毛密度（容积率）	万 m²/hm²	▲	—	—
停车率	%	▲	—	—
停车位	辆	▲	—	—
地面停车率	%	▲	—	—
地面停车位	辆	▲	—	—
住宅建筑净密度	%	▲	—	—
总建筑密度	%	▲	—	—
绿地率	%	▲	—	—
拆建比	—	△	—	—

注：▲必要指标；△选用指标。

绿化指标反映了住区的小气候环境质量，绿地率是住区内各种绿化面积（包含宅旁绿化、道路绿化、公共设施专用绿地等）的总和在总用地的占有率，国家规范规定绿地率新建住区不应低于 30%，旧区改建不宜低于 25%；人均绿地应达到组团不少于 0.5m²/人、小区（含组团）不少于 1m²/人、居住区（含小区与组团）不少于 1.5m²/人；绿地面积的统计包括居住区和小区的中心绿地、宽度不小于 8m 的带状绿地、面积大于 400m² 的块状绿地、有 1/3 的面积在标准的建筑日照阴影线范围外的组团绿地。

关于人口密度分为人口毛密度和人口净密度，人口毛密度是指住区总人口在总用地内的密度；人口净密度是指总人口在住宅用地内的密度。

建筑密度反映了住区建筑对用地的占有率，其计算方法是建筑基地面积在总用地中占有的比率；日照间距是满足居民对居住环境的卫生、物理与私密的要求。

（三）综合技术经济指标

居住区的综合技术经济指标的项目包括必要指标和可选指标两类，其项目应符合国家规范，具体内容见表 2-11 综合技术经济指标系列一览表的规定。

第 三 章

邻里关系的促进与住宅的合理布局

无论是聚落的自然生成与发展，还是近现代的住区规划，房屋的布局形式或多或少地都反映了居民之间的相互关系。比如：自然村庄的形成源自血缘和亲缘，他们由于这种关系而聚居在一起，形成了一个宗族社会。而城市社会的构成往往源自于地缘和业缘等关系，这种关系形成于人们的相互交往。城市住区就是人们以地缘关系构成的社区，因此，住宅的布局与促进居民之间的邻里关系有着密切的联系。

第一节　居民邻里生活的行为特征

一、邻里关系的形成与邻里生活分析

（一）邻里关系的特征分析

邻里是地缘社会的基本群体，它指的是同每个家庭相关联的房前屋后、房左房右三五户、十来户人家经久相处、守望相助而形成的友好往来的共同体。它所具有的特点如下。

（1）以地域靠近为基本前提和条件。若此条件不存在，尽管人们相互关怀、互相照顾并友好往来，但相去遥远，也不能成为邻里。

（2）它主要是以感情为基础的社会群体。把若干个家庭联系在一起，构成邻里，除地域靠近这个自然条件外，还需要以感情为纽带。要形成和维持良好的邻里关系，更重要的是家庭之间的经久往来，形成友好的思想感情上的紧密关系。

（3）邻里关系是后天获得的，选择性很大。地域的靠近虽是形成邻里的一个先决条件，但不是形成真正邻里关系的绝对条件。有些人隔墙而居，呼吸之声相闻，但老死不相往来，那能算得上真正的邻里吗？因此，邻里关系需要人们在日常的生活中促进、巩固和发展。

（二）邻里关系与邻里生活

邻里关系建立在邻居之间的互动与交往当中，如果居民之间仅相邻而居，但没有互动，邻里关系的建立也无从谈起。邻里关系是在具有亲密距离的地域空间建立起来的，而且在这个地域空间需要有一种纽带，使来此居住的居民从陌生——相识——相知，而达到互动与交往。

邻里生活与家庭生活相对应，主要指在邻里空间内的户外生活，合理、恰当的邻里生活有助于邻里关系的促进。

1. 邻里生活的内容与方式

邻里生活是居民走出家门，与邻居之间的往来及发生在户外的各种生活活动行为。这部分生活行为距离家门最近，可以看成是家庭生活的外延。一般，居民的邻里生活行为包括一些可在户外进行的家务行为、健身活动、茶余饭后的日常休闲活动、邻居间的交谈以及儿童游戏等。

常常可以在住区中看到这样的场景，三两个幼儿在一起嬉戏玩耍，照看他们的几位老人坐在一旁，一边照顾儿童，一边聊着些孩子的生活琐事、照看孩子的经验和家长里短，在这种交谈中，大人们可以了解到其他人的生活特点、一些新的信息，甚至可以通过这种没有目的的闲聊，使原来可能互不相识的人开始逐渐了解，而慢慢成为认知和熟悉的朋友关系。而孩子们也可以在这种没有固定时间、没有固定伙伴的玩耍中，逐渐找到自己喜欢的小伙伴，而成为较常结伴玩耍的伙伴组。老人一般都十分注意健身锻炼，他们退休后赋闲在家，但仍闲不住，还是喜欢到热闹的地方锻炼身体或找人打牌、下棋、聊天，来丰富自己的业余生活。这样，住区中的球场上、健身器械旁，常能见到老人的身影，他们一边锻炼一边交流心得，或者谈谈生活琐事，无形中拉进了相互之间的关系。

因此，邻里生活的内容大多是在临近住宅的空间中进行的一些家务行为和休闲活动，人们在进行这种活动时没有事先明确的目的，很大一部分是较随意的，但正是这种不经意之间进行的各种交流，形成了住区居民之间相识、相知的邻里关系，促进了居民和睦相处、友好交往的睦邻关系，形成了密切联系的社区生活氛围。

2. 邻里生活对邻里交往的促进作用

住区居民年龄、职业、背景各不相同，通过他们在居住环境中进行的各种邻里生活行为，拉进了彼此的关系，大家虽然没有亲缘关系，但是在闲暇生活中一起交谈、一起娱乐，从而相互认知、彼此熟悉，并互相关心。住区居民通过各种邻里生活行为，逐步形成了良好的邻里关系和社区认同，这是一条坚强的纽带，它是促进居住环境健康发展的内在因素，是保证居住生活的和谐、健康和安全最直接、最有力的条件。因此，发生在每日闲暇时间中的户外邻里之间的活动，促使同一住区居民的关系更为密切，对于邻里之间交往产生了极大的促进作用。

3. 邻里交往的目的与作用

居民之间的邻里交往不存在任何功利性，人们是在轻松、愉快的环境氛围中，在闲暇生活的过程中无意识地形成了邻里之间的和睦关系。每个人都是形成社会的个体，人们生活在社会当中，从马斯洛需求层次理论的第三个层次的要求——社交需要来讲，每个人都需要通过与他人的交流、互动来体现自己的社会价值，希望被别人认可并得到关注。通过邻里交往，人们了解、熟悉了居住在自己左邻右舍的情况，家庭人口构成、职业背景、文化背景等，在相互之间建立起一种信任感，在别人出现困难时出手相助，形成了一种友善、互助的关系。在住区环境中活动时，人们会不自觉地注意观察在所处空间中出现的每一个人，这种警觉性有助于住区环境安全的需要。因此，居民户外的邻里交往对于达成互助互爱、安全保障的居住环境十分有利。

二、邻里生活与住宅布局的关系

（一）不同空间层次的邻里生活特征

居民在住区中的生活是分层级的。第一层级是家庭生活层面，主要是家庭内部的生活内容；第二层级发生在邻里生活院落中，在这个空间中，由家庭生活扩展到了邻里生活的层面，居民是互助性邻里关系，人们相互熟识，容易形成邻里交往、邻里互助；第三层级一般在组团层面，居民属于相识型邻里关系，人们之间相互熟悉，见面时虽不一定相互打招呼，但能相互辨认出属于自己生活领域范围内的人；第四层级就扩展到了居住小区，居民们属于认可型邻里关系，人们更多的是由于共同使用一些生活服务设施而偶然相遇，经一定时间后也会相互认可。

而住区中不同规模的居住空间结构组织正是为了适应不同层级的居民生活需求而设立的。而且不同规模、不同布局的住宅组织形成了住区环境，其空间领域特性也存在一定的层级和序列性。这种住区空间的领域性对居民来说具有重要的意义。形成具有领域性的居住外部空间环境系统，对于舒缓人们在现代生活中的紧张情绪非常重要，这可以营造生活氛围，使人们在家庭生活的环境中体会到轻松的生活气息，获得精神层面的安慰，形成居住归属感。

在住区中，居民的空间领域依据距住户的距离而有所差异，距住户越近的区域范围，领域感和归属感越强，越远则越淡薄。因此根据居民的领域感，可将居住外部空间划分为住户私有领域、半私有领域、半公共领域、公共领域四个层次，这种层级关系是按照由内到外、由强到弱、由私有到公共来划分的（图3-1）。这四个层次的关系随着空间地域规模由小到大，从户内——邻里生活院落——组团——小区，相应的在每个空间中进行的居民生活和邻里交往也由强到弱，从亲缘关系——邻里互助——邻里相识——邻里认可，不同层级的生活空间，其空间特性也由私密——半私密——半公共——公共，形成一定序列的空间秩序系统。

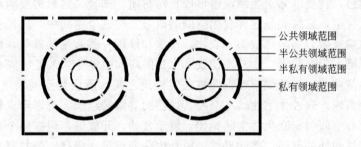

公共领域范围
半公共领域范围
半私有领域范围
私有领域范围

图 3-1　住区空间领域意识层次

根据空间领域的层次可以建立起一种系统的社会结构以及相应的、有一定空间层次的住区形态，形成从较私密的空间逐步到具有较强公共性的空间、最后到具有更强公共性的空间过渡，从而能在私密性很强的住宅之外，形成一个具有较强安全感和较强领域性的外部空间系统，可以使居民对各种领域空间产生更多的使用和关怀，促进邻里交往和各种社会交往行为的发生，形成融洽的居住生活气氛。

在这四个层级的居住空间中，对于促进邻里交往作用最大的就是邻里生活院落和组团空间，在住宅组群布局中对这两个层级的空间组织应进行着重考虑。

（二）邻里生活对住宅布局的要求

1. 小区层面的公共性

居住小区空间环境为住区全体居民共同所有，具有公共性。一般在小区的总体住宅布局组织时，应成组成团布置。即由一定规模和数量的住宅，结合公共建筑分别组合成组或成团，作为构成小区的基本单元，在总体布局时按照一定的规律排布。这种组或团可以由类型相同或不同的住宅、公建组合而成，其规模受到建筑类型、层数、公建配置、地形、现状条件等多种因素的影响而定。

2. 住宅组团的半公共性

小区中的住宅组团具有半公共性，其核心空间属于本组团的居民共同拥有，具有一定的范围，是半公共空间。在这种半公共的核心空间中，要形成一定规模的绿地和活动场地，为幼儿及小学生游戏、老年人活动和成年人交往使用，并且组团应有较明确的出入口和组团道路与小区道路相联系。一般来说，以多层住宅构成的居住组团，用地规模为 $2.5 \times 10^4 \, \mathrm{m}^2$ 左右，以居住 500 户为宜；高层住宅为主的住宅组团，人口规模可稍大些。在实际中应当结合用地条件、居住对象等地方实际情况来确定组团的具体规模。

住宅组团的居民属于相识型邻里关系，人们之间相互熟悉，见面时虽不一定相互打招呼，但能相互辨认出属于自己生活领域范围内的人。组团层级的空间特性为既要有一定的归属性，同时也应具备一定的半公共性。在进行住宅组织时，要求空间围合程度降低，只表达出一定的界域性即可，不必形成封闭的核心空间。

3. 邻里生活院落的半私密性

邻里生活院落是由几幢相邻的住宅形成，居于其中的人们相互熟识，互相关心、互相帮助，这个层面的居民生活具有一定的半私密性，是居民走出家门后接触最频繁、最熟悉，与家联系最密切的部分。其规模的设定以幼儿能寻找到 3～5 名同龄伙伴为人群基础，空间环境一般由两三栋或多栋住宅建筑围合而成，规模不宜太大。

邻里生活院落空间是居民离家最近的户外活动场所，这个层面的邻里生活，居民们相互之间十分熟悉，对待住宅之间的院落往往就像自家的庭院一样，有深厚的依恋和感情。这种强烈的家园感，就要求邻里生活院落形成相对封闭、围合、内聚的空间环境，例如我国传统四合院式住宅，庭院就是这种封闭空间的核心。在这个空间中，居民们时常将一些家务活动拿到庭院来做，如晾晒被褥、衣物，清洗和修理一些家用器具等，而行为能力较差的老人在这里晒太阳、聊天，幼儿即使没有家长的陪同也能令人放心、安全地玩耍。

鉴于邻里生活院落一般的规模就在几栋住宅建筑之间，所以其空间尺度不超过百米，在这样的空间距离内，通过住宅建筑本身和其他辅助要素的组织，可以形成较为封闭的核心空间。这种核心空间与家庭生活空间相比，属于公共、开放的，但在整个住区空间系统中，属于半私密性的外部空间。空间界线一般是由住宅建筑、绿化、公共服务设施来进行围合界定，因此空间的归属性十分明确，就属于相邻的几栋住宅所有。这种强烈的空间围合性，对于促进邻里交往十分有利。对居民来说，这里是离家最近的户外公共场所，可以被认为是自己住宅室内空间的延伸，因此居住者在本能上会对陌生人的来访保持警觉，自觉不自觉地注视闯入者的行动。另一方面，对不属于这一领域空间的陌生人来说，会产生心理上的却步，这都有利于邻里生活院落空间安全性的保障，也为促进邻里间更密切的交往提供了便利条件。

第二节　住宅组群布局

一、邻里生活行为的需求对住宅组群布局的影响

进行住宅组群布局时，必须以在此居住的居民的生活行为要求为依据。因为在居住环境中，人是主体，各种空间、设施等的配置，都是为居民服务的，环境是承载人的行为的

物质载体。因此,在进行住宅组群的布局之前,首先应当分析居民邻里生活行为的特征,以及各种生活行为对空间环境、公共设施等的需求,才能为居民创造与生活相适应的居住空间环境。不同层级的邻里生活对于在住宅布局中所形成的外部空间有不同的要求,如进行组团住宅组群布局时,希望形成半开放的空间,并且空间规模和设定内容还要符合国家规范的要求;在进行邻里生活院落的住宅组织时,要形成围合性较强的院落空间,成为半私密性的专属相邻住宅所有的户外生活空间,同时根据不同层级邻里生活的要求,还要在不同层级的居住空间中布置相应的公共服务设施等,这些都会影响到住宅布局。

二、住宅组群布局的类型

(一) 住宅组群的组织模式——三级模式和二级模式

在住区规划设计中,根据基地具体条件和居住小区的规划结构,可将住宅组群的规划依照居住规模划分成小区、组团、邻里生活院落三个由大到小的层级。在进行具体规划组织时,一般可以有三种组织模式,即小区、组团、邻里生活院落三级模式,或小区、组团二级模式以及小区、邻里生活院落二级模式,具体组织时可根据基地的具体情况来选择。

(二) 住宅组群布局的基本形式及特点

影响住宅组群布局的主要物质因素是地形地貌、建筑物、植物三大类。其中对室外空间影响最大的是建筑对空间的限定与布局,它决定着空间的形态、尺度以及由此而形成的不同空间的感受,对空间的形成产生积极或消极的影响。

行列式、周边式和点群式是住宅群体组合中最常运用的三种基本组织方式。此外,还有将三种基本方式综合运用的混合式或因地形地貌、用地条件的限制,因地制宜而形成的自由式组合。

1. 行列式

行列式是建筑按照一定的朝向和合理的间距成排布置的方式。这种布置方式可使住宅的大多数居室获得均等、良好的日照和通风条件,利于管线敷设和工业化施工,是较为普遍采用的一种方式。但住宅群体和形成的空间形式单调,识别性差,易产生穿越交通。因此在规划布局时常利用建筑山墙错列、建筑单元错落拼接等方式来活跃空间气氛(见表3-1)。

2. 周边式

周边式是建筑沿街坊或院落周边围合布置的形式,形成的院落空间较为封闭,便于在其中组织绿化和休闲活动设施。周边式形成的内向集中空间,空间领域性和归属感较强,便于绿化、利于邻里交往、防风防寒,对于寒冷和多风沙地区,可阻挡风沙和减少院内风雪,同时还可节约用地,提高居住建筑密度。但其主要缺点是东西向的住宅比例较多,居室朝向差,不利于湿热地区使用,转角单元空间较差,有旋涡风、噪声及干扰较大,对地形的适应性差,而且施工复杂、不利于抗震、造价提高等(见表3-2)。

3. 点群式

点群式是由建筑基底面积较小的建筑相互临近形成的散点状群体空间。点群式布置的住宅建筑一般为点式或塔式住宅,住宅日照和通风条件较好,对地形的适应能力强,但缺点是建筑外墙面积大,不利于节能,而且形成的外部空间较为分散,空间主次关系不够明确,视线干扰较大,识别性较差(见表3-3)。

表 3-1　行列式布置

布置手法	实　例	布置手法	实　例
1. 基本形式	广州石油化工厂居住区住宅组(1976 年)	4. 扇形、直线形	德国汉堡荷纳堪普居住区住宅组
山墙错落前后交错	北京龙潭小区住宅组(1964 年)		上海凉城新村居住区住宅组(1989 年)
左右交错			
左右前后交错	上海曹杨新村居住区曹杨一村住宅组(1951 年)		
2. 单元错开拼接　不等长拼接	上海天钥龙山新村居住区住宅组(1976 年)	5. 曲线形	瑞典斯德哥尔摩法尔斯塔住宅组
等长拼接	四川渡口向阳村住宅组(1975 年)		深圳白沙岭居住区住宅组(1986 年)
3. 成组改变朝向	南京梅山钢铁厂居住区住宅组(1969～1971 年)	6. 折线形	常州红梅西村住宅组(1991 年)

表 3-2 周边式布置

布置手法	实 例	
1. 单周边 	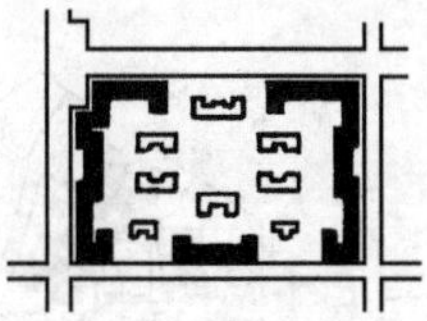 长春第一汽车厂居住街坊 1953 年建	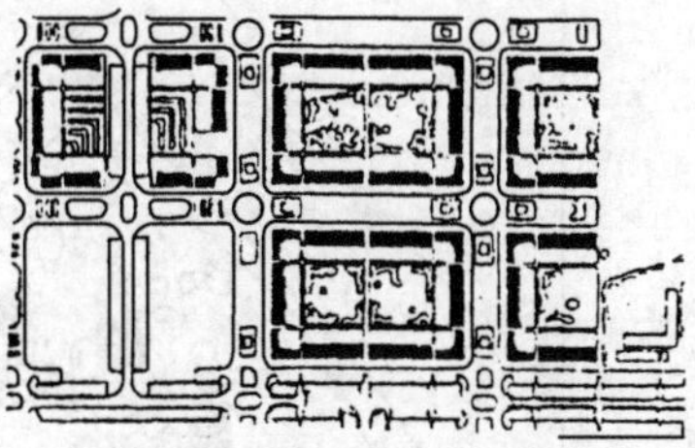 英国密尔顿·凯恩斯新城住宅组
2. 双周边 	 北京百万庄居住小区 住宅组 1953 年建	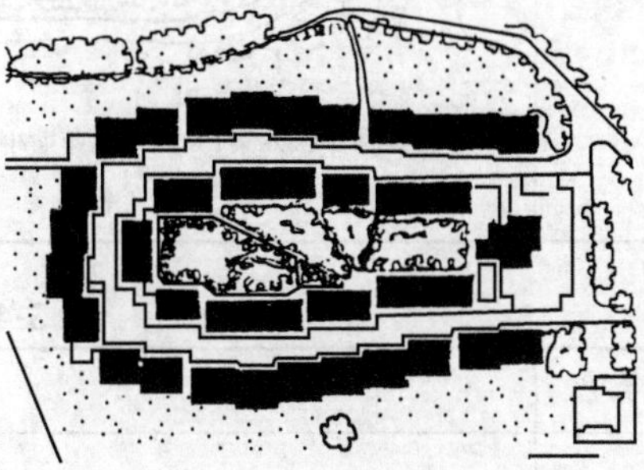 丹麦赫立勃-比克勃尔西诺尔住宅组
3. 自由周边 	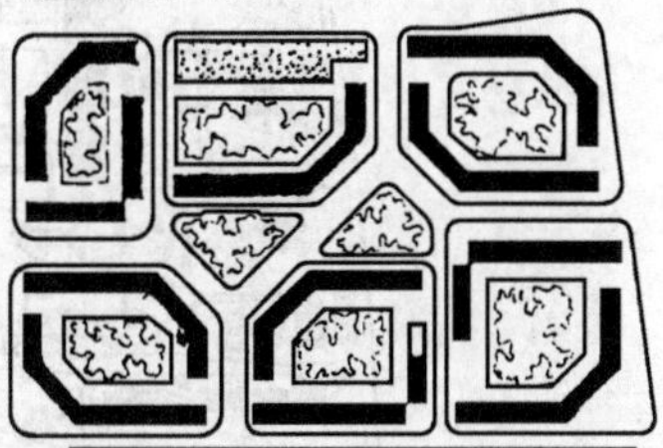 天津子牙里住宅组	 法国巴黎大勃尔恩居住区住宅组

4. 混合式

混合式是以上三种布局方式的混合形式。较常用的是以行列式为主，以少量住宅、公共建筑沿道路或院落周边布局，或在用地边角处散点状布局，形成兼具封闭和开敞感的院落空间。这种布局方式可以保证大量住宅具有较好的朝向和日照，还可以形成一定的主次空间，空间的封闭感和开敞性均可以达到，并且易于与用地结合，因此在实际运用中具有较强的适用性（见表 3-4）。

5. 自由式

自由式是根据具体的地形特点，在考虑日照、通风等技术要求的前提下，建筑成组成群、自由灵活的布置（见表 3-5）。

表 3-3　点群式布置

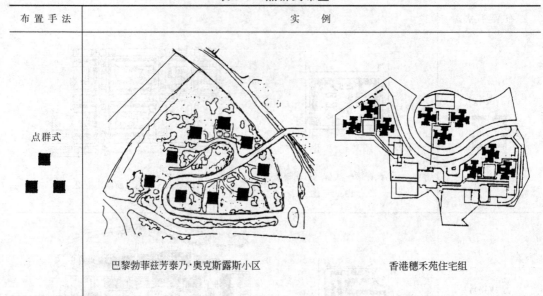

布 置 手 法	实　　　例
点群式	巴黎勃菲兹芳泰乃·奥克斯露斯小区　　　香港穗禾苑住宅组

表 3-4　混合式布置

布 置 手 法	实　　　例
	北京垂杨柳居住区住宅组 1960 年建　　　日本大阪住吉区住宅群

（三）不同类型住宅组群布局的特性

　　由于住宅类型的差异，在进行多层住宅、高层住宅、低层住宅的群体布局时，其组织方法也不相同，在形成住宅群体空间时也会有各自的特性。

　　目前，一般在多层住宅进行群体空间组织时，多采用行列式、周边式相混合的方法，在住宅之间围合形成一定的院落空间。布局一般多在住区中用地较为宽松的地段，占地规模较大。视建筑群体规模和对内部空间的要求，空间围合可以在封闭程度上有所差异。因为多层住宅建筑本身的尺度和布局要求，在进行群体组织时可以在建筑之间形成院落空间，所以通过将住宅之间进行围合处理，可以为居住于其中的居民提供一些绿地和场地，并且空间归属性也较为明确。

表 3-5　自由式布置

布置手法	实　例
1. 散立	重庆华一坡住宅组
2. 曲线形	法国鲍皮尼居住小区局部
3. 曲尺形	瑞典斯德哥尔摩涅布霍夫居住区的一个小区

　　高层住宅多为塔式高层，建筑的基底用地在水平各个方向上尺度较为均衡。因此，在进行高层住宅的群体组织时，多采用点群式的布局方法，沿街或在转角地带，既可以形成住区景观，也有利于提高土地利用率。所形成的外部空间较为宽敞和开放，有利于减弱高层住宅的巨大体量给人心理造成的压迫感。

　　低层住宅一般建筑尺度较小，造型灵活，易于与环境结合。在进行低层住宅的群体布局时，目前多采用自由式的布局方法，并且注重与住区中的集中绿化环境相结合，形成住区中的景观节点。

三、住宅组群的组织方法

（一）住宅群体组合的要素

　　由于我国城市用地紧缺，住宅群体空间受到日照、防火、工业化模数等多种技术性因素支配的程度极大。因此在进行住宅群体组合时，应当充分利用建筑的各种要素，尽量在有限的空间范围内创造环境优美的住宅群体空间。构成住宅群体的美学要素如下。

1. 形态要素

（1）点：如点式、塔式住宅，树木、独立的建筑小品等。

（2）线：如条形住宅、道路、围墙、连廊、绿篱、林阴道等。

（3）面：如板式住宅、墙面、地面、树墙、水面等。

2. 视觉要素

建筑及建筑环境中各构成物的体量、尺度、色彩、肌理等。

3. 关系要素

建筑及各构成物之间的位置、方向、间距等。

将以上构成要素，按照一定的原则和韵律组织，产生有节奏、主次、相互呼应的内在联系，变化丰富而不杂乱、协调而不呆板。构成建筑群体空间的要素非常多，在具体的规划设计中应全面考虑，将各种要素分门别类相互结合，使住宅群体的组合排列形成一定的韵律和变化的节奏，当然在设计中，首先应保证功能要求和技术要求，避免单纯的形式构图。

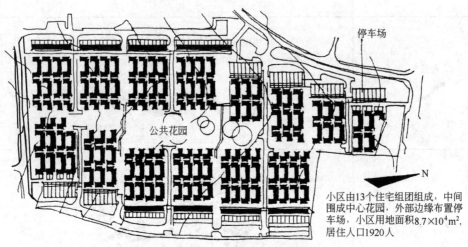

小区由13个住宅组团组成，中间围成中心花园，外部边缘布置停车场，小区用地面积8.7×10⁴m²，居住人口1920人

(a) 英国伦敦新哈罗(Ha Low)市镇克拉克山小区

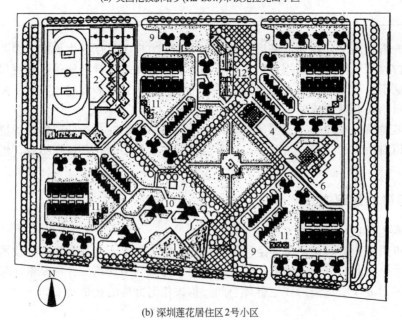

(b) 深圳莲花居住区2号小区

图 3-2　重复法示意图

1—居住区中心，地下停车库；2—中学；3—农贸市场；4—游泳池；5—文化站；6—托幼；7—变电室；
8—中心绿地广场；9—机动车停车场；10—18层住宅；11—居委会；12—步行系统

（二）住宅群体组合的组织方法

1. 重复法

在住宅群体组织时，采用相同形式与尺度的组合空间在院落、组团、甚至整个小区中重复设置，从而求得空间的统一整体性和节奏感。重复组合时容易在住宅之间、住宅组群之间形成一定规模的外部空间，可以在其中布置公共绿地、公共服务设施、场地等，并从整体上容易组织空间层次。一般在一个居住小区中，可用一种或两种基本形式重复设置。如英国伦敦新哈罗市镇克拉克山小区、深圳莲花居住区 2 号小区、纽约 1199 广场住宅群、天津子牙里街坊等（见图 3-2）。

2. 母题法

在住宅组群各构成要素的组织中，采用共同的母题形式或符号，在院落、组团、小区中形成有节奏感的空间主旋律，从而达到整体空间的协调统一。在整体规划中，母题必须以一定的频率出现，这样才能保证整体性和连续性，但可以随地形、环境及其他因素的变化做适当的变异。如瑞典巴罗巴格纳小区（见图 3-3）、日本大阪芦屋市芦屋海滨小区、北京恩济里实验小区、无锡芦庄小区等。

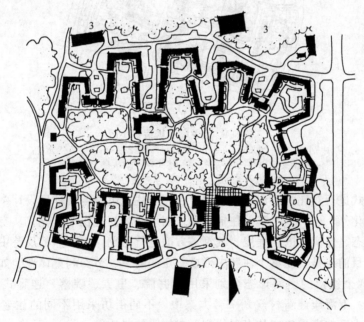

图 3-3　瑞典巴罗巴格纳（Baron Backarna）小区
1—商业中心；2—小学；3—汽车站；4—幼儿园

3. 向心法

向心法可在住区内各层级的居住空间中使用。如在邻里生活院落组织时，将各住宅建筑围绕共同的绿化、休闲核心庭院空间布置，在组团中将住宅组群围绕组团核心空间布局，在小区中将各组团和公共建筑围绕小区的中心如小区小游园、文化娱乐中心来布置，使每一个不同层级的居住空间中，形成建筑与建筑、组群与组群、组团与组团之间一定的核心空间，相互吸引而产生向心、内聚及相互间的连续性，从而达到空间的协调统一。如波兰华沙姆荷钦小区（见图 3-4）、杭州采荷小区二期工程、合肥西园新村等。

4. 对比法

在住区的多个住宅群体空间组织中，任何一个住宅组群的空间形态，常可以采用与其

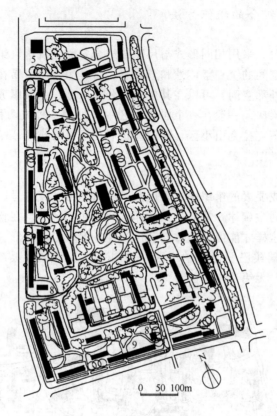

图 3-4　波兰华沙姆荷钦小区

1—小学；2—幼儿园；3—托儿所；4—商业售货亭；5—百货公司；
6—公共文化中心；7—车库；8—塔式住宅；9—多层单元式住宅

他空间组织形式进行对比的手法予以强化。在一个住宅组群空间环境设计中，除考虑自身尺度比例与变化外，还可以与其他住宅组群之间形成相互对比与变化，从空间的大小、方向、色彩、形态、虚实、围合程度、气氛等方面进行对比，在强烈的反差中突出个性，当然对比的最终目的还是要在整个住区中形成一定的韵律、节奏和整体性。如天津川府新村（见图 3-5），四个组团的空间形态分别采用了庭院、里弄、院落、连廊式等空间组织方式，各具特色；上海康健新村规划 7 号方案中，不同街坊采用不同的住宅形式来组织空间；北京塔院小区的高层住宅与多层住宅形成鲜明的对比等。

四、住宅组群布局的技术要求

在进行住宅组群布局时，除了考虑建筑布局的艺术性以外，还应当从住宅建筑间距、朝向、住宅形式、住宅外观色彩等多方面有机协调，创造合理、舒适、美观的住宅群体空间。

（一）住宅建筑间距

住宅建筑间距有正面间距和侧面间距，住宅的正面间距一般指日照间距，具体要求如下。

1. 日照间距

住宅的日照要求为"日照标准"，决定住宅日照标准的主要因素，一是所处地理纬度，我国地域广大，南北方纬度差有 50 余度，在高纬度的北方地区比低纬度的南方地区在同

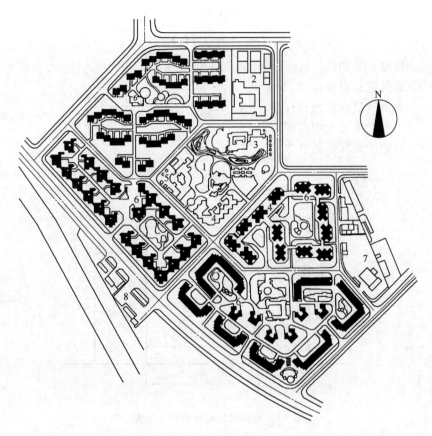

图 3-5　天津川府新村

1—小区公园；2—小学；3—托幼；4—商业服务；5—居民活动中心；6—居委会；
7—锅炉房；8—公交车站

一条件下达到日照标准要难得多。二是与城市规模、用地情况有关。一般大城市人口集中，用地紧张的矛盾比中小城市大。综合以上两大因素，在计量方法上，国家规定两级"日照标准日"，即冬至日和大寒日。"日照标准"则以日照标准日里的日照时数作为控制标准。这样，"日照标准"可定义为：不同建筑气候地区、不同规模大小的城市地区，在所规定的"日照标准日"内的"有效日照时间带"里，保证住宅建筑底层窗台达到规定的日照时数即为该地区住宅建筑日照标准，我国不同地区、不同城市的住宅建筑日照标准见表 2-9，日照间距系数可参见《城市居住区规划设计规范》（GB 50180—93　2002 年版）中的要求。

在日照间距中根据住宅的朝向方位，又分标准日照间距和不同方位日照间距。标准日照间距是指当地正南向住宅，满足日照标准的正面间距。当住宅正面偏离正南方向时，其日照间距为不同方位日照间距，计算时以标准日照间距进行折减换算。标准日照间距的计算方法如图 3-6 所示。

为了简化和说明计算关系，设定图中建筑长边向阳，朝向正南，以日照标准日正午太阳照到后排建筑底层窗台为依据。由图 3-6 所示：

$$tgh = (H_1 - H_2)/D$$

则
$$D = (H_1 - H_2)/tgh$$

令 $a=1/\mathrm{tg}h$

则 $D=a(H_1-H_2)$

式中 D——标准日照间距，m；

   H_1——前排建筑屋檐标高，m；

   H_2——后排建筑底层窗台标高，m；

   h——日照标准日太阳高度角；

   a——日照标准间距系数。

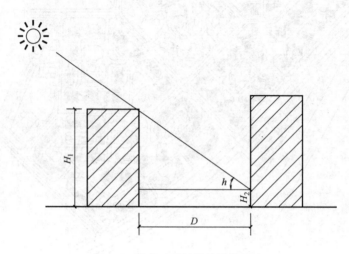

图 3-6   标准日照间距的计算方法

2. 住宅侧面间距

除日照因素外，通风、采光、消防以及视线干扰、管线埋设等也是影响建筑间距的重要因素。这些因素应综合考虑，山墙无窗户的房屋间距一般可按防火间距要求确定侧面建筑间距，山墙有窗户时应适当加大间距以防视线干扰，一般来说，防火间距是最低限要求，多层建筑之间大于 6m，高层与各种层数住宅建筑之间大于 13m。如高层塔式住宅，其侧面有窗且往往具有正面功能，故视觉卫生要素所要求的间距比消防要求的最小间距 13m 大得多。北方一些城市对视觉卫生问题较注重，要求较高，一般认为不小于 20m 为宜，而南方特别是广州、上海等城市，因用地紧张难以考虑视觉卫生问题，长此以往比较习惯了，未作为主要因素考虑，只满足消防要求即可。

（二）住宅的朝向选择

住宅朝向主要要求能获得良好自然通风和日照。我国地域辽阔，南北气候差异较大，寒冷地区住宅居室避免朝北，不忌西晒，以争取冬季能获得一定质量的日照，并要求避风防寒。炎热地区居室要避免西晒，尽量减少太阳对居室及其外墙的直射与辐射，在西面要设置遮阳设施，并要有利自然通风，避暑防湿。

为使住宅获得良好的自然通风，当建筑迎风布置时，为不遮挡后面的住宅，要求房屋间距在 （4～5）H 以上，但这是不现实的，只有在日照间距的前提下来考虑通风问题。从不同的风向对建筑组群的气流影响情况看，当风正面吹向建筑物，风向入射角为 0°（风向与受风面法线夹角）时，背风面产生很大涡旋，气流不畅。若将建筑受风面与主导风向成角度布置时，则有明显改善，当风向入射角加大至 30°～60°时，气流能较顺利地导入建筑间距内，从各排迎风面进风，如图 3-7 所示。因此，加大风向入射角对建筑通风有利。

　　还可通过建筑的布置方式来改善通风条件。如将住宅左右、前后交错排列或上下高低错落以扩大迎风面，增多迎风口；或将建筑疏密组合增加风流量；利用地形、水面、植被等因素来解决通风、防风问题（见图 3-8）。

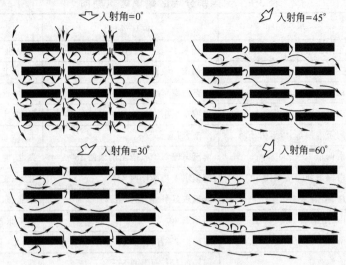

图 3-7　不同风向入射角对建筑气流影响

住宅错列布置增大迎风面,利用山墙间距,将气流导入住宅群内部

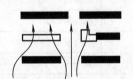

低层住宅或公建布置在多层住宅群之间,可改善通风效果

住宅疏密相间布置,密处风速加大,改善了群体内部通风

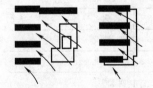

高低层住宅间隔布置,或将低层住宅或低层公建布置在迎风面一侧以利进风

住宅组群豁口迎向主导风向,有利通风。如防寒则在通风面上少设豁口

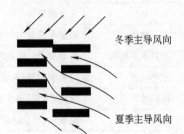

冬季主导风向

夏季主导风向

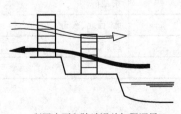

利用水面和陆地温差加强通风

利用局部风候改善通风

利用绿化起导风或防风作用

图 3-8　住宅群体通风和防风措施

住宅朝向的确定，可参考表 3-6 全国部分地区建议建筑朝向。该表主要综合考虑了不同城市的日照时间、太阳辐射强度、常年主导风向等因素而形成，在具体组织建筑群关系时，还应结合基地地形地貌条件、地区小气候、周边环境等因素统一考虑。

表 3-6　全国部分地区建议建筑朝向

地　区	最佳朝向	适宜朝向	不宜朝向
北京地区	正南至南偏东 30°以内	南偏东 45°范围内、南偏西 35°范围内	北偏西 30°～60°
上海地区	正南至南偏东 15°	南偏东 30°、南偏西 15°	北、西北
石家庄地区	南偏东 15°	南至南偏东 30°	西
太原地区	南偏东 15°	南偏东至东	西北
呼和浩特地区	南至南偏东、南至南偏西	东南、西南	北、西北
哈尔滨地区	南偏东 15°～20°	南至南偏东 15°、南至南偏西 15°	西北、北
长春地区	南偏东 30°、南偏西 10°	南偏东 45°、南偏西 45°	北、东北、西北
沈阳地区	南、南偏东 20°	南偏东至东、南偏西至西	东北、东至西北、西
济南地区	南、南偏东 10°～15°	南偏东 30°	西偏北 5°～10°
南京地区	南、南偏东 5°～10°	南偏东 25°、南偏西 10°	西、北
合肥地区	南偏东 15°	南偏东 15°、南偏西 5°	西
杭州地区	南、南偏西 15°	南、南偏东 30°	北、西
福州地区	南偏东 10°～15°	南偏东 20°以内	西
郑州地区	南偏东 15°	南偏东 25°	西北
武汉地区	南、偏西 15°	南偏东 15°	西、西北
长沙地区	南偏东 9°左右	南	西、西北
广州地区	南偏东 15°、南偏西 5°	南偏东 22°33′、南偏西 5°至西	
南宁地区	南、南偏东 15°	南偏东 15°～25°、南偏西 20°	东、西
西安地区	南偏东 10°	南偏东 30°至南偏西 30°	西、西北
银川地区	南至南偏西 30°	南偏东 34°、南偏西 20°	西、北
西宁地区	南至南偏西 30°	南偏东 30°至南偏西 30°	北、西北
乌鲁木齐地区	南偏东 40°、南偏西 30°	东南、东、西	北、西北
成都地区	南偏东 45°至南偏西 15°	南偏东 45°至东偏北 30°	西、北
昆明地区	南偏东 25°～50°	东至南至西	北偏东 35°、北偏西 35°
拉萨地区	南偏东 10°、南偏西 5°	南偏东 15°、南偏西 10°	西、北
厦门地区	南偏东 5°～10°	南偏东 22°33′、南偏西 10°	南偏西 25°、西偏北 30°
重庆地区	南、南偏东 10°	南偏东 15°、南偏西 5°、北	东、西
旅大地区	南、南偏西 15°	南偏东 45°至南偏西至西	北、西北、东北
青岛地区	南、南偏东 5°～15°	南偏东 15°至南偏西 15°	西、北
桂林地区	南偏东 10°、南偏西 5°	南偏东 22°30′、南偏西 20°	

（三）住宅的形式、色彩等

在进行住宅组群布局时，除必须考虑建筑间距、建筑朝向这些技术要求外，还应在住宅建筑形式、色彩等方面统一考虑。如将同一组群的住宅建筑采用相同的建筑造型处理手法、选用同样的外观材质装饰和同一色系的色彩搭配，还应在建筑造型方面体现一定的地方特色，这样可以使建筑群体更具整体性和标识性。

（四）住宅组群与道路、公建、绿化的协调关系

住宅组群的规划设计不仅应注重住宅建筑本身和建筑相互之间关系的设计，同时还应与相邻的周边环境，如道路、公建、绿化等综合考虑。结合建筑外环境中的绿化、道路、场地、小品、设施等统一规划组织，有机协调、统筹安排，形成富有个性、整体协调的住宅组群。

五、住宅建筑的合理设计

住宅建筑设计应主要确定面积标准、质量标准、住宅套型和住宅建筑形体，而在住宅组群布局中则着重考虑建筑之间的间距。房屋间距不仅关系到日照通风的基本要求，还与消防安全、管线埋设、土地利用、视线及空间环境等方面密切相关。在确定房屋间距时，大多数地区只要满足日照要求，其他的要求基本都能达到，因此以满足日照要求为基础，综合考虑其他因素为原则来确定合理的房屋间距。同时良好的朝向可以提高日照和通风的质量，这也是建筑组群布局时应重视的因素。在进行住宅建筑设计时应符合以下要求。

（一）符合国家现行住宅标准

住宅标准的确定应按照国家的住宅面积指标和设计标准规定，并结合当地具体执行情况酌定，应当是能较好地体现居住性、舒适性和安全性的大众住宅，具体体现为：套型类别配置合理，套内空间布局有较大的适应性和灵活性，以保证多种选择的可能并适应生活方式的变化和时代发展，延长住宅使用寿命；套型平面布置合理，体现公私分离、动静分离、洁污分离、食寝分离、居寝分离，并为住户留有装修改造余地；住宅设备完善，节约能源，管道集中隐蔽，水、电、气三表出户；电话、电视、空调专用线齐全，并增设安全保卫措施；住宅室内物理环境声、光、热和空气条件优越。

（二）适应地区特点

住宅设计应符合各地的具体要求，如自然气候特点、用地条件和居民生活习俗等。我国地域辽阔，因此各地区都有相应的地方性住宅设计标准，可作为住宅设计的依据，如炎热地区需保证居室有良好的朝向和自然通风，避免西晒、防湿防潮；寒冷地区，注意冬季防寒防风雪；坡地和山地地区，要结合地形坡度进行住宅设计，同时也要符合当地居民生活习俗要求，因此在住宅设计中要考虑多种选择的需要。

（三）适应我国户型结构变化

随着我国经济与社会的发展、生活水平的提高以及多年来计划生育政策的实施，我国家庭户型人口结构发生了以下的变化：家庭人口规模小型化，以三口核心家庭为主；社会老龄化，我国已达到老龄化社会标准；家庭人口的流动化，空巢家庭增长等。在进行住宅设计时应考虑与以上的因素相适应，提供相适应的住宅类型，如注重社会性较强的公寓式住宅、老人公寓、两代居以及灵活适应性较强的新型结构住宅等。

（四）节地、节能、节材

住宅的尺度包括进深、面宽、层高，对"三节"具有直接的影响。据统计计算，一梯两户的住宅单元进深在 11m 以下时每增加 1m，每公顷用地可增加建筑面积约 1000m²，同时外墙缩短可节约材料和能量，进深在 11m 以上效果则不明显。若将住宅单元拼接成接近方形的楼栋时，更能体现"三节"要求，但进深过大住宅平面布置会出现采光和穿套等问题，因此住宅的面宽宜适当紧缩。据分析住宅层高每降低 10cm，便能降低造价 1%，

节约用地 2%。因此进行住宅设计时，应注意采用合理的住宅进深、降低层高，但同时必须满足通风、采光要求，还要符合居民生活习惯和心理承受程度。

（五）运用新材料、新技术和新工艺

进行住宅设计时，应注意运用新材料、新技术和新工艺。考虑采用新型结构、材料和设备，使住宅具有静态密闭和隔绝（隔声、防水、保温、隔热等）、动态控制变化（温度变化、太阳照射、空气更新等）、生态化自循环（太阳能、风能、雨水利用、废物转换消纳等）以及智能化安全防护（防干扰、防盗、防灾等），运用科技进步改善住宅性能，提高居住舒适度。

（六）利于整体规划布置

住宅形式应适应用地条件，协调周边环境，利于组织邻里及组团、小区空间，形成具有可识别性的空间环境及良好的沿街景观，使整个住区具有特色风貌。

第三节　邻里生活院落空间的环境设计

一、居民的邻里生活行为

（一）居民的邻里生活行为

1. 居民邻里生活行为的主要内容——户外活动

居民的邻里生活是居民走出家门，与居住临近的邻居之间发生的各种户外生活活动行为。这部分生活行为距离家门最近，可以看作是家庭生活的外延。一般，居民的邻里生活行为包括一些可在户外进行的家务行为、健身活动、日常茶余饭后的休闲活动以及儿童的游戏等，这些内容基本上都是在住宅的单元入口、住宅围合的院落中进行的，要求有一定的绿化环境、一定的活动场地、通过一定的设施来进行。因此，可以认为居民邻里生活行为的主要内容是在户外进行各种邻居间的、与家庭生活最密切相关的生活活动行为。

2. 户外活动的主要人群——儿童和老人

在住区中生活的各种类型居民中，成年人和中学生是日常生活节奏较为紧张、规律的，他们白天大多数时间都在工作单位或学校中度过，在家的时间较短，因此进行户外活动的时间也有限、内容不太丰富。而老人退休后赋闲在家，受到身体因素等方面的条件限制，老人一般体力有限，在日常户外活动时不会走较远的距离；儿童在学龄前和小学学习压力不大的阶段，由于对社会环境的认知不足，出于安全方面的考虑，一般的户外活动也都是由家长带领或与相邻住宅的儿童在家门口附近玩耍，以便于家长监控。所以在邻里生活院落当中，进行户外活动的主要人群就是儿童和老人，他们进行户外活动的时间最长、内容最丰富、要求最多，因此在进行相应的邻里生活院落空间设计时，要着重考虑他们的需求。

3. 儿童的户外活动行为

儿童在 3 周岁以前属婴儿哺乳期，不能独立活动，他们需要由家长陪护着玩耍。主要活动内容是由家长怀抱或推车或带领着在户外散步，或在空地上引导幼儿学步，稍大点的儿童可在沙坑、草坪、广场上玩。在 0～3 岁期间，幼儿强烈地依恋双亲，因此他们的活动一般距家庭所住的住宅楼较近，多在住宅单元入口附近玩耍，既安全又便于家长陪同照看。因此在进行住宅的入口设计时，应当安全而适于游戏，并有一定的日照条件。当幼儿在 4～6 岁，已具有一定的思维、辨别能力和求知欲，显示出强烈的好动、好玩、好奇心，喜欢拍球、掘土、骑车等，但其独立活动能力仍较弱，常需要家长伴随。其活动方式一般是三五成群结伴游戏，极少单独玩耍，并由大人陪伴照看。活动内容丰富：骑车、掘土、拍球、沙坑、捉迷藏、相互追逐等。进入小学阶段的儿童开始掌握和懂得了一定知识，思维能力逐渐加强，活动量也增大，男孩子喜欢踢小足球、探险、追逐打闹等，女孩子则喜欢结伴游戏等。其活动方式多为同龄结伴游戏，活动量较大，一般不需家长照顾，活动内容为踢小足球、打羽毛球、探险、追逐打闹、玩轮滑、跳橡皮筋、玩扑克、演节目等。他们的各种活动多要借助于一定的游戏设施，并要求有一定的游戏场地进行。

4. 老人的户外活动行为

老年人的户外活动行为，主要包括买菜购物等日常生活行为，更多的则是各种社交和户外体育锻炼活动。如社会交往、邻里间互相访问和聊天，在社区中从事某种职业、照看小孩；或养花鸟鱼虫等休闲活动；或进行娱乐活动，如打扑克、下象棋、进行体育锻炼等。

老年人的交往对象，主要依赖于原有的工作关系、地缘关系，如邻里、同乡、同事等。其交往方式以"聊天"为主，其次是娱乐活动和参加体育锻炼。老人们渴望相互交流，希望生活在社会中，关注他人并得到他人的关注。因此在住区规划设计中，应当重视老年人群的特殊需求，为他们创造良好的居住环境有助于老年人的身心健康。

5. 其他居民的户外活动行为

在住区中，除了儿童和老人外，还有中学生和成年人这两大人群，但由于其生活内容的要求，他们在邻里生活院落中的户外活动行为较少，可以借用儿童和老人的活动场地和设施来进行。

（二）居民对邻里生活院落空间环境的需求

邻里生活院落空间是居民离家最近的户外活动场所，这个层面的邻里生活，居民们相互之间十分熟悉，对待住宅之间的院落往往就像自家的庭院一样，有深厚的依恋和感情。

1. 一般需求

邻里生活院落就好比是我国传统四合院中的庭院，是家庭生活延伸时能使用的地方，是居民出出进进必经的地方，是可以让幼儿独自玩耍而家长能放心的地方，是陌生人到此即被邻居注视的地方，是邻里关系最为密切的地方，是使在此居住的居民备感亲切和安全的家园。这些就是居民对邻里生活院落最朴素的要求。

2. 儿童户外活动的需求

（1）各种游戏场地设计要求　幼儿行动能力有限，一般必须由家长或老人带领，就在邻里生活院落中活动。因此邻里生活院落中的幼儿游戏场地，是规模最小、使用频率最高、距离家庭最近的活动场地，一般位于几幢住宅所围合出的庭院内或建筑山墙端的空地处，是邻里生活院落内小块绿地的组成部分。游戏场内的设施比较简单，可设置沙坑、铺装地面和绿化等，一般供 6 岁以下的儿童使用。这类活动场地紧邻住宅，安全性、领域感强，到达距离短，使用时十分方便，可供幼儿随时使用，对于大人照顾儿童也十分方便。此外，住宅单元的出入口处也是家长带领幼儿玩耍、托儿游戏常去的地点，因此也应做一定的处理（图 3-9）。

除了在固定的场地上进行游戏活动以外，儿童更喜欢在环绕住宅或邻里生活院落的空间里追逐嬉戏，如走、跑、骑儿童车等。由于儿童的自我中心性很强，他们在嬉闹时通常不注意过往的机动车、非机动车和来往行人。因而，对这一范围的通路交通系统进行设计

(a) 宅旁玩耍的儿童　　　　　　(b) 家长帮助练习走路的幼儿

图 3-9　住区中的儿童活动

时应当考虑到儿童活动的安全问题，场地的位置和出入口一定要恰当处理，确保各种车辆行驶不会危及到儿童的活动行为，也应保证儿童的活动范围不要扩展到道路上，以免造成对行车安全的干扰（图 3-10）。

除此以外，在一些规模较大的邻里生活院落中，还可以结合庭院空间布置一些占地稍大的儿童活动场地，它们是小学生和幼儿中年龄较大儿童游戏的好地方。在场地中可安置简易的游戏设施，如沙坑、压板等小型器件，场地周边应与一定的绿化相结合，明确场地范围，场地应采用沙土地、塑胶或软质铺装，避免儿童活动时跌倒受伤（图 3-11）。

图 3-10　儿童在住区路上骑童车玩耍　　　　　图 3-11　儿童在器械场地上玩耍

（2）儿童游戏场地的多样性和安全性　儿童不像成年人有一定的行为规律，他们喜欢在奇异变幻的环境中玩耍活动，很少长时间固定地从事某项活动，他们需要有各式各样的具有选择性和即兴产生的活动项目和活动设施、场地，因此设计时应当满足这些要求，游戏场地要有变化，其种类、形状、外观、空间形态要尽可能多样化。

儿童的好奇心强，有强烈的求知欲和探险欲，他们喜欢异想天开，需要有地方探险、有地方可躲藏，孩子们也喜欢接近大自然。但由于对社会的认知较少，因此在儿童游戏场地、空间、设施、绿化设计时应十分注意安全性的要求。如儿童游戏场地的绿化中应避免使用有毒、带刺的植物；场地采用沙土地或软质铺装，避免游戏时跌倒受伤；游戏设施应当安全可靠，防止儿童玩耍时受伤；同时在游戏场地邻近或周边，应布置供大人看管、监护儿童时休息的座椅等，便于大人及时保护和防止儿童游戏活动中各种伤害的发生。

3. 老人户外活动的需求

老人也是邻里生活院落中最为主要的户外活动人群，因此应当为他们规划布置各种适合于身体特点、行为需求的公共活动场地。为了满足退休老人的活动需求，可从住宅建筑本身的设计和住宅群体布置、公共服务设施配套、社会服务项目等多方面创造条件，特别要在老年人的精神生活方面提供方便。因此在邻里生活院落中和住宅内交往空间的规划设计应当着重适应老年人群的需求。

根据老人的生活特点，一般来说，老人喜欢在热闹、安全、宽敞的空间内进行各项活动。他们关注健康保健的问题，喜欢同老邻居、老相识聊天、打牌、下棋、种植园艺，也喜欢带小孩一起散步、游戏。在邻里生活院落中，可布置一些放置小型体育锻炼设施的供老人晨练活动的场地和带有桌椅板凳、绿化较好的休闲活动场地，也可以为他们留出一定的绿化空间，满足老人种花养草的闲情逸致。

由于老人常带着儿童一同外出活动，因此在邻里生活院落空间中的儿童游戏场地和老人休闲场地设计时可以两者兼顾，既提供老年人交谈、下棋、休息的桌椅设施，又设置儿童活动的沙坑、游戏设施等，既方便老人照顾儿童和儿童游戏的需要，又为老人之间的交流提供了机会（图3-12）。

(a) 照顾儿童

二、邻里生活院落空间的环境设计

（一）邻里生活院落空间的三个组成部分——庭院空间、近宅空间、边角与过渡空间

邻里生活院落空间是与居民日常生活起居息息相关的户外活动空间，在其中，居民可以开展各种休闲和家务活动，儿童林间嬉戏、树下对弈、邻里联谊交往以及衣物晾晒、家具制作、清洗修补等都是日常最频繁的户外活动，通过这些户外生活行为的发生，促进了邻里之间的交往，密切了人际关系。邻里生活院落空间具有浓厚的生活气息，可以使现代住宅单元楼的封闭隔离感和人们之间的冷漠感得到较大程度的缓解，使以家庭为单位的生活私密性和以邻里生活院落空间为纽带的邻里交往活动都得到满足和统一协调。

根据邻里生活院落空间不同领域的属

(b) 下棋

(c) 聊天

图 3-12　住区中的老人活动

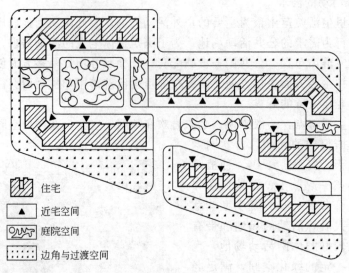

住宅

▲ 近宅空间

〇〰〰 庭院空间

∷∷∷ 边角与过渡空间

图 3-13　邻里生活院落空间构成示意图

性及其使用情况可将邻里生活院落空间分为庭院空间、近宅空间、边角与过渡空间三部分（图 3-13）。

庭院空间：包括庭院绿化、各活动场地及宅旁小路等，属周边住宅组群共同的公共空间。

近宅空间：由两部分组成，一为底层住宅小院和楼层住户阳台、屋顶花园等。另一部分为单元门前用地，包括单元入口、入户小路、散水等，前者为各自用户私人领域，后者属单元的公共领域。

边角与过渡空间：是上述两项用地领域外的边角余地，大多是住宅群体组合中领域模糊的消极空间。

（二）邻里生活院落空间环境的构成要素

构成邻里生活院落空间环境的要素主要包括以下几大类，住宅建筑、各种活动场地、绿化、各种设施、建筑小品等。其中住宅建筑是界定邻里生活院落空间的主要因素，而场地、绿化、设施、小品等是丰富院落空间、满足人们户外活动要求的物质载体。

（三）邻里生活院落空间的基本构成形态

住宅是邻里生活院落中形成空间的主要界定要素，所以，邻里生活院落空间的基本形态，一方面可以通过住宅本身的变化达到空间界线的变化，从而使院落空间形态产生变化，另一方面也可以通过住宅之间组合的变化创造出特色和多样化的空间形态。

1. 住宅类型的多样化

（1）住宅平面布置和建筑类型的多样化　住宅套型设计的根据是住户的家庭结构，而家庭结构是多种多样并不断变化发展的，如家庭人口数量差异、年龄结构差异、职业差异、文化差异、兴趣爱好和习惯差异等，不同的家庭情况就需要有不同的住宅套型来满足这些差异，同时由于地区差异的特点，从而形成多样化的住宅套型。每一栋住宅楼均是由不同的套型相互组合拼联而成的，因此套型的变化就会形成住宅平面布局和建筑类型的多样化。这种住宅平面布局的多样化，在由住宅建筑所界定出来的院落空间中，就可以形成院落空间形态的丰富变化。

（2）住宅的体形、立面、细部处理等方面的多样化　住宅不仅是提供人居住的场所，同时住宅也具有建筑造型特点。因此，住宅设计应从居住使用功能和建筑艺术出发，住宅的体型、形式、长短、高低、色彩、比例以及阳台、檐口、屋顶、出入口等细部都是建筑艺术处理的重要因素，统一而又富于多样化的建筑外观造型在形成院落空间时也为空间的变化提供了多种可能性。

2. 邻里生活院落空间组织的基本形式

（1）住宅的拼联　住宅的不同拼联可以形成不同的建筑体型、外观，这对于形成不同的邻里生活院落空间形态十分有利，而且通过灵活变化的拼联，还可以更好地结合基地地形和周边环境。一般住宅单元之间的拼联主要有以下几种基本形式。

① 不等长拼接（见图 3-14）。

② 等长拼接（见图 3-15）。

③ 转角拼接（见图 3-16）。

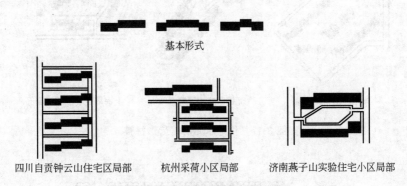

图 3-14　住宅单元的不等长拼接

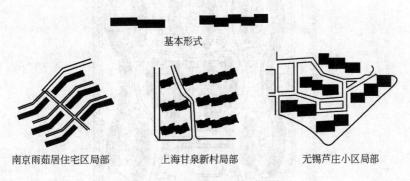

图 3-15　住宅单元的等长拼接

图 3-16　住宅单元的转角拼接

④ 锯齿形拼接（见图3-17）。

除了上述四种基本形式之外，还有曲线形拼接（见图3-18）和混合型拼接。混合型拼接是采用上述五种形式中的两种及两种以上基本形式的拼接方式。

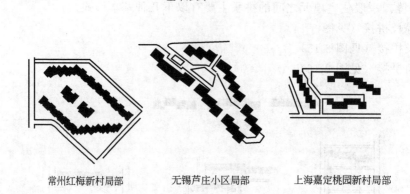

基本形式

常州红梅新村局部　　　　无锡芦庄小区局部　　　　上海嘉定桃园新村局部

图 3-17　住宅单元的锯齿形拼接

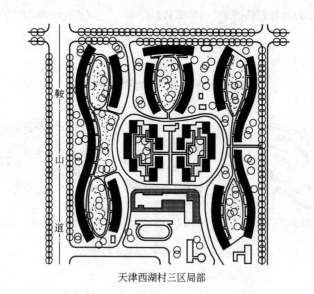

天津西湖村三区局部

图 3-18　曲线形拼接

（2）邻里生活院落空间构成的基本形式

① 邻里生活院落空间中的辅助空间和户外活动空间　住宅群体一般是由相互平行、垂直或成一定角度的住宅（住宅单元或住宅组合体）按不同方式，因地制宜有机组合而成的。在由住宅群体形成的邻里生活院落内的空间有两种基本类型。

第一类空间是由住宅建筑的日照、通风、朝向、防火、交通、防震、生理等方面的要求，在建筑的前后、左右必须留出相应的空间，这类空间可称为辅助空间，在邻里生活院落当中一般不被人们实际使用，只是作为视线隔离、通风、消防等要求而备，属于院落中的消极空间。第二类空间是在由住宅建筑所界定出的院落空间内设置的为周边住宅的少年儿童、成年人、老年人的游憩、邻里交往服务的空间，这类空间可称为户外活动空间，是邻里生活院落中实际服务于人们的积极空间，利用率较高。

②邻里生活院落空间构成的基本形式　辅助空间和户外活动空间属于住区空间层次内的半私密空间或半公共空间，这两类空间不是孤立的，而是相互融合和有机联系的。其中住宅建筑群体辅助空间的构成如图3-19所示。

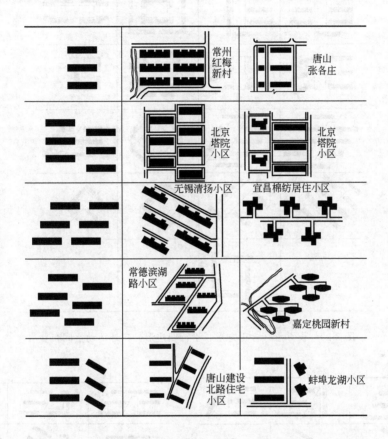

图3-19　住宅建筑群体辅助空间的构成

户外活动空间的形态可以是多种多样，呈现为不同的几何形状。在规划设计中，往往受到地段的用地形状、地形、地物，建筑形态、朝向、日照、通风等条件的限制或要求，因而表现出各种不同的空间形态。即使是同一形状的空间，也会由于建筑造型、尺度、色彩、出入口、空间的开敞与封闭性及空间内的场地布置、建筑小品、绿化、装饰材料等的不同而令人产生具有不同特点的空间感受。

将住宅建筑进行不同的排列组合，可以获得不同的住宅户外活动空间，为人们营造不同特点的空间感受，使人们在其中进行活动时可以体会到自己所身处的邻里生活院落的个性和领域感、归属感。住宅户外活动空间的基本形态有长方形（含正方形、平行四边形）（见图3-20）、三角形（见图3-21）、梯形（见图3-22）、混合形和自由形（见图3-23）五种。

除此以外还有很多，在这里所列举的，只是说明要在保证一定居住环境质量的前提下，根据具体情况因地制宜，可以采用不同的布局形式，而最终的目的都是要满足居民的

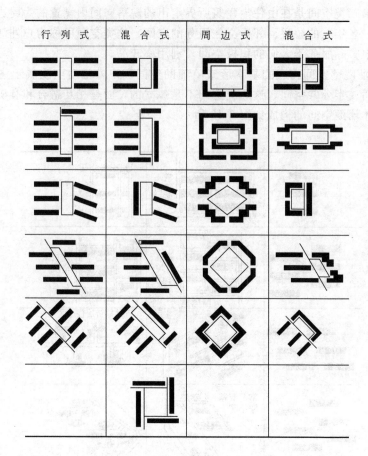

行 列 式	混 合 式	周 边 式	混 合 式

图 3-20 长方形（含正方形、平行四边形）户外活动空间布置

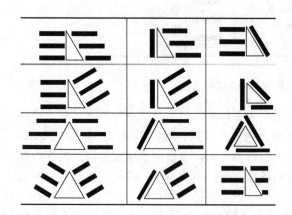

图 3-21 三角形户外活动空间布置

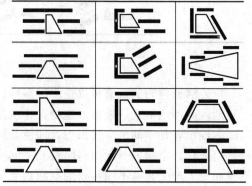

图 3-22 梯形户外活动空间布置

生活要求。

三、庭院空间环境设计

在邻里生活院落空间中，庭院空间是居民进行户外活动的主要空间场所，其环境设计主要是结合各种活动场地进行绿化和设施配置，并注重各种功能设施和环境要素的应用与

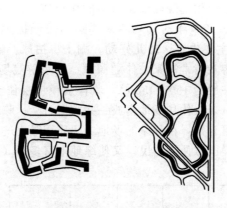

图 3-23　自由形户外活动空间布置

美化。在庭院空间中应以各种供居民休闲的场地、设施和绿化植物为主，在以人工建造的住宅建筑群中加入尽可能多的绿色因素和具有活跃居住气氛的休闲设施，调节人们居住闲暇时间的生活内容，使有限的庭院空间产生最大的绿化效应和休闲功能，使人们在家庭生活之余能够在邻里生活院落环境中体会到亲切、和睦的邻里生活氛围。

（一）场地布置

各种室外活动场地是庭院空间的重要组成内容，它们与各种绿化相结合，并在其中布置一定的活动设施，场地、设施、绿化内容相辅相成，满足各种类型居民户外活动的需求。在庭院空间的场地设计中应设置一定的分区，各种分区情况如下。

1. 动区与静区

庭院空间中的动区主要指游戏、活动场地；静区则为休息、交往的区域。动区中的成人活动如早操、练太极拳等，动而不闹，可与静区贴邻合一。这种锻炼活动场地需要一定的空地面积可供几人做操用，其中还可布置几样简单的活动器械，供三五个或最多不超过七八个人同时使用，比如现在许多小区中常见的简易锻炼器械，如低杠、走步器、扭转器、臂力转盘等，并要求使用时不会产生太大的噪声，同时可在场地周边布置少许休息座椅；儿童游戏场地则因儿童嬉戏玩耍活动而吵闹，可在住宅端山墙空地、单元入口附近或成人视线所及的庭院中心地带设置，场地中可布置沙坑、小秋千、翘板等简单的游戏设施，同时应布置供看管照顾儿童的大人休息交谈的座椅等，也可将成人的锻炼活动场地与儿童游戏场相结合为一个场地布置，这样在用地、绿化、设施方面可以两者兼顾，节约经济和管理投资。

2. 向阳区与背阴区

儿童游戏、老人休息、衣物晾晒以及小型活动场地，一般都应置于向阳区，即在住宅建筑的阴影区以外，同时还应在场地周边种植高大的落叶乔木，保证夏天有荫凉，冬天有日照。背阴区一般不宜布置活动场地，仅以绿化来提高庭院空间的绿化效应和景观效应，但在南方地区的炎炎夏季则是消暑纳凉佳处，可以布置供人休闲聊天的小型交往场地，并设置座椅让人休息。

3. 显露区与隐蔽区

住宅临窗外侧、底层杂务院、垃圾箱等部位，都应隐蔽处理，以遮挡一些不佳的景观和满足住户私密性要求，单元入口、主要观赏点、庭院主要活动空间、标志物等则应显露无遗，以利识别和观赏。

一般来说，庭院空间主要供庭院四周建筑中的住户使用，为了保证居住安静的要求，不宜设置大规模的运动场、青少年活动场等对周边居民干扰大的场地。在庭院空间中，3~6周岁幼儿的游戏场是主要内容，幼儿好动，掘土、拍球、骑童车等是常见的游戏活动，但独立活动能力差，游戏时常需家长伴随照顾。儿童游戏场内可设置沙坑、铺砌地、草坪、桌椅等，场地面积一般为150~450m²，具体规模应视住宅组群规模和邻里生活院落空间的规模而定。此外，老人休息场地内放一些木椅石凳；晾晒场地需铺设硬地，并有适当绿化围合。有些场地可合设，在分设的场地之间应用绿化进行空间分隔和界定，并宜用铺砌小路连接起来，这样既方便了居民，又使绿地丰富多彩（见图3-24）。

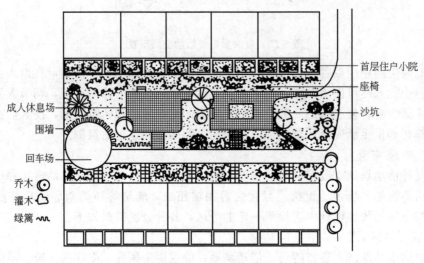

图3-24　庭院绿地布置

（二）绿化配置

植物是组织和塑造自然空间的有生命的软质构成要素，使人工建筑空间向大自然过渡，并与大自然融为一体。

乔木的尺度和体量最大，在庭院空间中具有标志性，是庭院空间的骨干因素，形成空间构架；灌木是协调因素，因其高度一般与人的视线相当或低于人的视线，所以适用于空间围合；花卉色彩丰富、形态多姿，并有季节性，是庭院空间中的活跃因素，用以点缀装饰；草皮是面状形态，且与地形结合，是庭院空间中的背景因素，用以铺垫衬托；藤蔓植物是覆盖因素，可以依附于任何界面生长，用于攀附和垂直绿化。可见，植物种类繁多，其构建空间和景观的功能应有尽有。庭院空间运用植物加以限定和组织，可丰富空间层次，增强空间变化，形成不同的空间品质，使有限的庭院空间可以变化万千。在规划设计中常用的几种组织空间的手法如下。

1. 围合

将绿篱树墙、花格栅栏等作为空间竖向界面进行空间围合，其限定界面越多、越高、越厚、越实，则空间限定性越强，也越能体现私密性、隐蔽性、防卫安全等特征；反之则限定性减弱，体现公共、开敞、交往的特征。在庭院空间中用于公共活动的场地因其公众使用性，不必围合得过于封闭，可使某一两边围合严密些，其他面则应向公众开放，在这里乔木、低矮的绿篱使用较多。而住宅底层宅前庭院属家庭私人所有，可以用遮挡性较强的绿篱树墙、花格栅栏来进行空间限定。

2. 棚架

将瓜棚花架、树阴伞盖等作为空间水平界面限定空间，人的视线和行动不受限制，但有一定的潜在空间限定意识和安定感。这种覆盖如作线型延伸，形成树廊，则具明显的导向性和流动感。在活动场地上方或周边运用瓜棚花架、树阴伞盖，既可以限定场地界线，又可以在夏季形成荫凉，是实践中常用的手法。在住宅底层宅前庭院中住户常用瓜棚花架来营造温馨的家居气氛，也可以为遮挡视线起到一定作用。

3. 空中绿化

在庭院空间中结合地形变化起伏之势，营造升起的绿丘，并可在高低错落的住宅屋顶进行绿化，或在住宅设计时进行空中庭院绿化，这些都具有较强的展示性，并可以增添空中绿化的诸多视觉景观点；利用地形或特意形成下沉的庭院绿化，则有较强的隐蔽性、安全性，与上部活动隔离，形成闹中取静之所。

4. 架空

住宅与分层入口处的天桥、高架连廊，住宅底层架空、过街楼，高层住户的露台等，在庭院空间中交相穿插，飘逸空凌，可以将藤蔓植物依附于这些空中造型或界面生长，组成生动的立体绿化空间。

5. 肌理、色彩变化

草坪、花圃与各种硬质材料铺装的场地间，因材质肌理、色彩的不同，自然形成空间的区分与限定，并在庭院空间中形成绿色与多彩的变化形象，增添庭院空间灵活、轻松的气氛。在庭院空间中应随着季节变化，种植色彩丰富的四季花卉，与各种场地、设施和绿色植物进行搭配，让人们在庭院中活动时能够感受到季节变化，并体会常年有绿、四季如花的时空感。

6. 衬托与突出

衬托与突出的手法是把物体独立设置于空间的视觉中心部位，形成具有向心性的空间感。需要被突出的物件要求具有点缀或标志作用。植物可选有特色姿态的孤植树、景观树、植物雕塑。庭院孤植树中用以欣赏姿态美的常用的如榕树，其根系凸出于地面，攀结缠绕；以欣赏花果的如梅、樱、桃、石榴、玉芝、合欢、木棉等。植物雕塑可用常绿树种柏类修剪成形，或用攀缘植物依附于造型的支架攀缘，各类植雕万千姿态，按庭院构景所需进行选用。

（三）地面铺装

当前我国城市用地普遍紧张，住区中住宅建筑密度都较高，庭院空间尺度一般较小，其中多以植物景素为主体，来象征自然，目的是能够让人们在有限的空间领略自然风采，满足人们崇尚和亲近自然的心理需求。因此庭院空间内的地面应结合建筑部件、室外工程设施，进行艺术加工，使之与绿化有机结合，不占或少占绿化面积，又具有使用、识别、观赏等多重功能。

1. 道路和地面铺装

庭院空间中的道路有两类，一为宅旁小路，一为绿地园路。前者是住宅群和外界沟通的步行小路，一般由每个单元门开始与组团或小区内的车行道连通，有引导人流、敷设管线、组织排水等功能，宽度 2.5～3m，必要时可通车，要求线型规则便捷，路面一般采用水泥地面，在居住标准较高且实施完全人车分流的住区内，也可以进行地面砖的路面铺砌，但造价较高。绿地园路一般线型曲折，曲径通幽，由庭院景观的需要而设，一般设置于场地之间，或铺于一片草地之中，用于联系场地，疏导和引导空间，组织景观等作用。

路面和场地的铺装有整体式和镶嵌式。前者可用水泥、三合土整体浇注。后者可用地砖、石材铺设，缝间可嵌植小草，自然美观，防尘抗滑，还能减少地面辐射热，增加庭院空间内的绿化覆盖率。

2. 水面

水面是天然的镜子，可映照水边的景物，使空间延伸拓展、明快绚丽；水体还可清洁空气，滋润心扉，形成有灵性的室外空间。利用自然水体或消防水池稍事加工便可成为景观水，也可在庭院空间中设置供儿童玩耍的旱喷泉、戏水池，用以活跃庭院气氛，但在日常使用中要注意维护和管理，尤其是在北方缺水地区，用水造景要慎重，不要在日后的使用中加重居民的负担，也不要因缺乏管理变成一池臭水或干涸成为地洞，既劳民伤财又华而不实。

（四）设施小品

在庭院空间内的视觉敏感部位，也应适当设置观赏性较强的艺术小品，如水池盆景、置石点景等庭院小品，形成庭院空间的标志或视觉景点。

1. 建筑小品

如单元入口、室外楼梯、平台、连廊、过街楼、雨篷等，可采用装饰性较强的造型和装饰材料，也可以用突出的色彩来与周边的建筑物、绿化形成强烈对比。

2. 室外工程设施小品

如天桥、室外台阶、挡土墙、护坡、围墙、出入口、栏杆等，可与绿化和其他景观设施统一考虑。

3. 公用设施小品

如垃圾箱、灯柱、灯具、路障、路标等，在进行庭院空间设计时整体考虑，既有实际功用又可以作为点缀的小品，还可以形成一定的空间引导作用。

4. 活动设施小品

如儿童游戏器具、桌椅等，在设计造型和色彩时，应与邻里生活院落空间整体环境协调统一，并具有安全性，还可以将某些绿化设施与之相结合，例如利用树池护栏或花坛护栏作为供人休息的座椅，既可以达到绿化设施用途，又可以为居民户外活动时使用，一举两得。

5. 园林小品

置石，用小型石材或仿石材零星布置，不加堆叠。在庭院空间中布置时山石呈半埋半露状，可置于土山、水畔、墙角、路边、树下、草地以及花坛等处，以点缀景点、观赏引导和联系空间。现代住宅庭院的用地局限，适宜采用群置和散置。群置是六七块或更多石材成群布置，大小形体各异的石材要求疏密有致，高低错落，互相顾盼，形成生动自然的石景。散置是将石材或仿石材零星布置，有坐、立、卧姿态，形成似是无意实为有心的景观感受，散置时要求若断若续、相互贯联、彼此呼应的自然情趣，不显零乱散漫又有章法可循。

四、近宅空间环境设计

（一）近宅空间环境的特点

近宅空间对住户来说是离开住宅之后使用频率最高的、由家庭内部向户外空间过渡的亲切的过渡性小空间，是每天出入的必经之地，同楼居民常常在此不期而遇，幼儿把这里看成家门，是最为留恋和安全感最强的地方，老人也随着在此照看孩子，并和邻居聊些家长里短。在这里可取信件、取牛奶、等候、纳凉、逗留;还可停放自行车、婴儿车、轮椅等,并经常在这里进行检修、擦拭、拆洗等家务生活行为。

近宅空间的构成要素一般有单元入口、单元标识、入口场地铺面、休息设施、灯具、信报奶箱、告示牌、景观小品、垃圾箱、绿化配置等,它们以住宅楼为背景,相互组织,并与住宅楼有机结合,形成住宅向庭院空间过渡的空间环境。

在这小小的空间里体现住宅楼内人们活动的公共性和社会性,它不仅具有适用性和邻里交往意义,并具有识别和防卫作用。规划设计时要精心处理,适当扩大使用面积,做一定围合处理,如设置绿篱、短墙、花坛、座椅、铺地等,提供同单元或同住宅楼居民碰面、停留、交往的机会,适应居民一些距家较近的日常行为,使这里成为主要由本单元居民使用的单元领域空间。至于底层住户小院、楼层住户阳台、屋顶花园等属住户私有,除提供建筑及竖向绿化条件外,具体布置可由住户自行安排,也可提供参考菜单,但原则上应有一定统一考虑,不能由各家随意加建,破坏和影响邻里生活院落空间的整体效果。

(二) 近宅空间环境设计

1. 减少住宅底层住户视线、噪声干扰

近宅空间虽然是同单元或同住宅楼共有的公共空间,但是因为与住宅底层毗邻,因此在此处的公共活动对住宅底层住户造成一定的干扰。在规划设计时,应当注意尽量减少对于底层住户的视线和噪声干扰。

一般来说,可将住宅底层地坪抬高,有时甚至可以抬高半层,既可以使视线干扰的问题减少到最小,也可以利用抬高的半层空间在建筑中做出半地下室,用于自行车库或住户储藏用房。当住宅底层抬高不多的情况下,一般在南向给底层住户留出宅前小院,通过将公共用地与住宅室内居室保持一定空间距离来减少视线、噪声干扰。宅前小院由住户自己进行一定处理,如设置矮墙、镂空栅栏、篱笆等,或在宅前庭院中进行一定绿化,进行视线阻隔,其总体风格应与整个邻里生活院落空间取得协调,不得在小院中随意加建改建。在北向一般将宅前小路或宅前场地与住宅保持一段距离,并在两者之间进行绿化来减少视线和噪音对底层住户的干扰。

在此处的绿化,一般采用高中低相结合的方式,即在住宅墙根至道路或场地铺面之间铺草坪,增加绿化率,沿道路或场地边界种植一定高度的灌木,其高度一般与人的视线相当或略低,以界定空间,又可以在视线穿越上形成一定障碍,对于减少住宅底层视线、噪声干扰很有利。如果是南向的住宅入口,还可以种植高大的落叶乔木相配合,既可以在夏季成荫,又在冬季可见阳光,与草地、灌木相得益彰,在视觉感受中形成丰富的层次。

2. 归属感、可识别性

近宅空间是居住外部公共空间中私密性最强的空间,它归属于本单元的居民共有,是领有性、归属性最强的住宅外部空间,因此强调近宅空间的可识别性在规划设计时十分重要。

可识别性的突出,可以通过单元入口、单元标识等建筑构成要素的设计来体现。如采用造型突出或装饰材料肌理变化、色彩强烈的建筑构成要素作为单元入口的点缀;或选用形式、色彩突出的建筑小品、告示牌、信报箱、灯具小品作为各单元入口标志。在宅前场地选用与宅前小路不同的铺面等,强调道路空间与单元入口空间的变化,也可以突出标识性。通过个性突出的各种标志性的点缀,来强调单元入口空间,可以使人在宅前道路的引导下明确地意识到进入到单元入口处,这种空间变化意识对于加强近宅空间的归属感和可识别性非常有利。

3. 场地、设施配置

许多居民喜欢在近宅空间中进行各种家务活动和邻里交往活动，如修理、擦洗，照看小孩玩耍，临时停放自行车，买菜回来短暂休息，察看社区通知，取信取奶，夏季乘凉，聊天下棋等。因此近宅空间不仅应有一定的停留空间，还应设置一定的设施。

首先，应为人们在宅前单元入口的停留提供一定的空间场地，不能让聊天的人占据宅前小路或进入住宅楼门的本来就已很狭窄的通道，造成互相的干扰。应在单元入口的一侧，道路与住宅楼之间留出一块场地，当然这块场地的设置应当尽量避免干扰住宅底层住户的生活。场地与住宅之间的界线应通过一定的绿化，如用灌木、花墙来进行界定和隔离，也可以直接用花坛，花坛护栏还可用作居民休息座椅，此外在场地中也可种植一定的花卉来形成活跃的气氛，场地可以向宅前小路开放，但可以通过铺面变化或高低变化达到空间限定的效果。

在单元入口前的这一小块铺地上，首先是面积应保证可以放置一组桌椅，并可以临时停放两三辆自行车，还可以设置一些为居民服务的设施，如休息设施、照明灯具、信报奶箱、告示牌、景观小品、垃圾箱等，这些设施体量宜小，如灯具宜选用地灯，这样晚上居民在户外纳凉休息时既有照明保证，又可因地灯照射范围小的特点不会影响到住宅底层住户的休息。其他设施应与周边绿化和庭院空间中的设施在造型、材质、色彩特点等方面取得协调。通过场地和各种服务设施的设置为居民提供宅前各种生活行为的便利（见图3-25）。

图 3-25　设置花坛、硬质铺地、自行车停放的近宅空间

4. 绿化配置

近宅空间的绿化配置主要体现为以下三方面：对宅前场地的空间界定；减少公共活动对住宅底层住户的干扰；进行住宅底层宅前小院的绿化种植。通过各种绿化配置的协调有机结合，既达到功能要求，又可为邻里生活院落空间增添绿化景观（见图3-26）。具体的规划设计手法，在上述其他三点的叙述时已有详细说明，在这里不再赘述。

五、边角与过渡空间环境设计

邻里生活院落空间中一些用地的边角地带、空间与空间的连接与过渡地带，如山墙间距、小路交叉口、住宅背对背的间距，住宅与围墙的间距等空间，因为多在居民日常活动视线的监视范围以外，易成为居住环境中的消极空间，应在规划设计中给予重视。

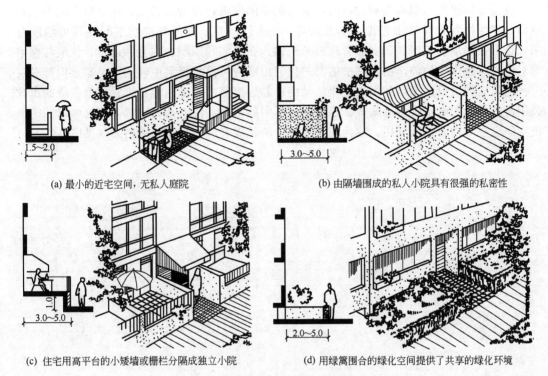

(a) 最小的近宅空间，无私人庭院

(b) 由隔墙围成的私人小院具有很强的私密性

(c) 住宅用高平台的小矮墙或栅栏分隔成独立小院

(d) 用绿篱围合的绿化空间提供了共享的绿化环境

图 3-26　近宅空间环境的几种处理形式

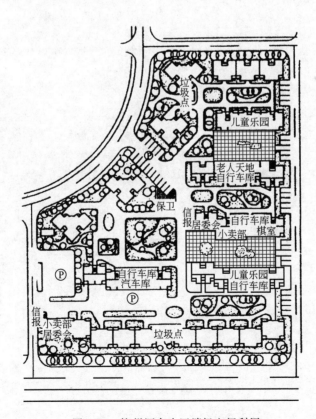

图 3-27　柳州河东小区消极空间利用

在进行邻里生活院落规划设计时，对这类空间应进行改善和利用，化消极空间为积极空间。如可将背对背的住宅底层作为儿童、老人活动室，其外部消极空间立即可活跃起来，也可在底层设车库、居委会管理服务机构；在住宅和围墙、住宅和道路、住宅与住宅背对背的间距内作为停车场；在沿道路的住宅山墙内可设垃圾集中转运点，靠近内部庭院的住宅山墙内可设儿童游戏场、少年活动场；靠近道路的零星用地可设置小型分散的市政公用设施，如配电站、调压站等。通过发掘其中的潜力，注入活力因素，使这些以往的消极空间也能够被居民所利用，成为住区环境中的积极有利的空间构成因素（见图3-27）。

第 四 章
居民物质生活秩序的建立与公共服务设施

第一节　居民的生活需求与公共设施的关系

住区公共服务设施是居民居住生活的组成部分,其规划设计的任务就是为居民提供方便的生活环境,满足日常生活所需的物质要求,建立与居民日常生活行为协调的空间秩序。

一、需要层次论

美国心理学家 A. 马斯洛(Abraham Maslow)在他的著作《人的动机理论》中阐述了需要层次论。他认为可以将动机分为两类:一类为欠缺的动机;一类为生长的动机。在每一类动机之中都有各种不同的需要。需要层次论把人类多种多样的需要,按照它们上下间的依赖程度,分为五种层次(图 4-1):生理需要、安全需要、社交需要(归属与爱)、尊敬需要和自我实现需要。

图 4-1　马斯洛需要层次示意图

（一）生理需要

凡是能够满足个体生存所必需的一切物质都为生理所需要。生理需要是人类最原始、也是最基本的需要。如吃饭、穿衣、居住、婚姻以及疾病的治疗等。这些需要如果得不到满足,则其他需要就要受到影响。从这个意义上讲,生理需要是推动人们行动的强大动力。

（二）安全需要

假如生理需要得到满足,另外一组与安全有关的需要就会继而出现。这些需要包括得到保证、稳定、依赖、保护、秩序、法律、保护者的力量等。总之，当生理需要多少得到满足之后，安全需要就成为最主要的需要。这些需要主要是免于身体危险及剥夺基本生理需要的恐惧的需要，即一种自存的需要。

安全需要一般以两种形式表现出来：一种是有意识的安全需要，这是相当明确、也极为普遍的；另一种是无意识的安全需要，如遇事谨小慎微，胆小怕事等。

安全需要虽然在人的一生中无时不在，但其需要的程度以童年期最为强烈。如果一个人从小就形成了不安全的意识，即使成年之后，这种不安全感会影响到他对整个外界的看法，也会影响到他的自我评价。

（三）社交需要

马斯洛认为，在前两种需要得到相当满足之后才会有社交的需要，即归属与爱的需要。

希望伙伴之间、同事之间关系融洽或保持友谊、忠诚与爱情。作为一个社会性的人，就必须有了解外部环境信息的需要，以调节自己的行为。同时，也有渴求让别人了解自己的需要。

另外，人是社会性的动物，每一个人都有一种要求归属于一定集团或群体的感情，希望成为其中一员并得到相互关心和照顾，这就是所谓的归属感。

社交需要比生理和安全需要更细微、更难以捉摸，但是它在形成人的集体观念、整体观念方面有着极为重要的作用。因此，必须注意个体的社交需要，将归属与爱的需要作为一种巨大的凝聚力与向心力，用来控制与制约社会成员的行为。

（四）尊敬需要

尊敬的需要包括了对人的价值的尊重和对地位的需要两个方面。

对人的价值的尊重，包括对自我尊重、对他人尊重和他人对自己的尊重，简言之，即自尊、人尊与他尊，这三方面是紧密相连不可分割的。

自尊需要是人对自己欲求成为一个真正社会成员的需要，是人类积极性的一个重要源泉。他尊需要则是搞好人际关系的重要条件。

对地位的需要具体表现在对地位、声誉、控制、尊严的需要，如权利需要和地位需要等。

（五）自我实现需要

自我实现需要是人的需要层次结构里最高层次的需要。在心理学上，可以把它看作完全实现自己理想抱负的需要。这是任何个体一种自发的、想超过标准的、力争使自己成为一个"完人"、实现人性的内在心理需求。

自我实现的内容主要表现在成就需要、情操需要、追求幸福等。

马斯洛认为，上述需要的五个层次是逐级上升的，当下级的需要获得相对满足后，追求上一级的需要，就成了驱动行为的动力。随着需要层次的螺旋形上升，标志着个体社会化程度愈来愈高，最终成为一个受人尊敬的社会化程度相当完善的社会成员。

另外，在不同的阶层、民族、国家与地区之间，人与人之间的需要结构明显表现出受物质、生产力水平、文化教育水平以及世界观所制约的特点。在五种需要层次结构中，总有一种需要占优势地位（图 4-2）。

居民对环境的需求是由低层次向高层次循序进取的。当上一个层次得到相对满足以后，就会有下一个更高层次的需求。也就是说，当人们满足了物质需求后必然要追求精神上的需求。然而人的需求是多层次、多方面的。随着人类的进步和社会的发展，人们会提

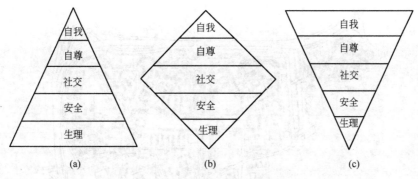

图 4-2　不同类型的需要结构

出更多、更高的需求。住区规划与环境设计就应以人的需求为出发点，合理规划、精心设计，为居民提供一个宜人的环境，全面地满足人们不同层次的需求。

二、居民对住区环境的需求

对人们需求的认识和把握，历来是城市规划、住区规划所关注的重要问题。住区规划与设计的目的是为居民创造一个方便、安全、安静、舒适的居住环境。它涉及社会、经济、技术、美学以及人等诸多因素。一个成功的住区规划仅仅依靠规划设计人员的"灵感"是做不出来的，它需要经历一个复杂的思维和对客观认知与分析的过程。居民是住区的主人，也是对住区规划最有发言权的"评论员"。他们往往具有不同的社会、政治、经济和文化背景，有不同的生活习惯和家庭结构模式。因此，听取居民的意见和要求，了解居民的需求，并合理地体现这些需求是规划设计人员成功地进行住区规划的基础。

（一）西方"使用者需求"的认识和研究

第二次世界大战以后，西方"使用者需求"研究者针对无视使用者心理需求和行为需求提出批评，提出"建筑应在满足物质功能和经济效能的同时满足精神功能"。越来越多的人开始意识到："住房"的需求并不只包括头上的屋顶和冷热水供应，一个良好的居住社会环境，应包括满足心理和社会需求，如交往、感受和个人表现的所有一切！1972 年美国圣·路易斯市的帕鲁衣特·伊戈（Pruitt-Igoe）住宅区由于犯罪猖獗而被炸毁。其失败的原因是因为建筑师没有真正理解黑人居民的社会需要和心理特征，只是凭主观想像和良好愿望把一种生活模式强加于使用者，这正是建筑师忽视对"使用者需求"的表达和为社会、为人服务的目标，单凭自己美好的理想和良好的愿望创造居住乐园而导致失败的最好例证。

20 世纪 60 年代后期开始，伴随着人们生活观念和生活方式的变化，人们对自身需求的追求更为执着，加上行为科学和环境心理学等学科的迅速发展，"使用者需求"的研究更加复杂和多变，研究的范围也进一步扩展，关于人与环境、环境与行为、设计中的社会和行为因素等问题成了热门话题。同时，很多建筑师将研究成果应用到实际设计方面，其中最具代表性的是瑞典的英国建筑师欧司金（R. Erskine）。欧司金在居住区的规划设计中的明显特点就是研究人的活动，在环境设计中既考虑影响物质生活的因素，又注重影响精神生活的因素。他在主持拜克（Byker）住宅区（图 4-3）规划设计时，进行了"使用者需求"的调查研究，并把居民的愿望反映到了规划设计方案之中。在建设时首先实施一片，然后根据居民的"反馈"作为其他部分修改的参考，获得了很大成功。

由此可见，西方"使用者需求"的研究，经历了一个由简单到复杂，由片面到全面，

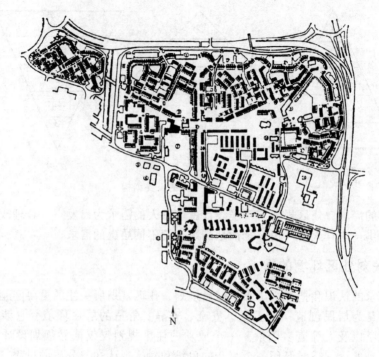

图 4-3 拜克住宅区总平面

由最初关注人的生理、安全等物质方面的需求，到后来在关注物质方面需求的同时，强调心理、社会行为等精神方面需求的循序进取的发展过程。

（二）我国对居民需求的研究

在我国，居民需求方面的研究也一直得到重视。改革开放以来，国内有关部门和学者进行过许多调查研究，了解居民的需求，为改进居住区规划设计提供了民意信息。其实例主要如下。

1. 《居住区详细规划》科研课题（中国城市规划设计研究院）

1980～1984 年，中国城市规划设计研究院与 16 个协作单位共同完成了《居住区详细规划》科研课题。通过对全国多个城市中的典型居住区进行调查，最终总结出居民对住区的基本要求。

（1）住宅的适用性：面积、居室组合、层数、设备等。

（2）道路的通顺便捷程度：上下班、购物、上学等方便。

（3）设施的方便和可靠程度：生活资料供应、教育、水电供应等。

（4）生活安全和健康的保障：生命和财物的安全、心理健康、环境污染的防治等。

（5）邻里的来往与互助：住宅个体及群体设计、居民组织及活动设施。

（6）环境的亲切、悦目程度：自然环境的处理、空间构图、尺度、彩色、气氛等。

2. 新建居住区的"民意调查"（北京市规划局）

1982 年，北京市规划局对北京七个新建居住区（重点为团结湖、劲松两个居住区）的部分居民进行了一次"民意调查"，同时还选择了两个旧平房区作对比性调查。得出的结论如下。

（1）生活不方便：买菜难，洗澡难，缺乏文娱场所，主要是由于经营管理不善造成的。

（2）上班远：这在北京当时新建的市郊居住区中是一个突出的问题。

（3）邻里生疏，居住不安全：通过比较不同住宅类型的邻里关系，发现高层住宅中的邻里关系不如多层住宅，多层住宅的邻里关系不如四合院，不同单位混合居住的住宅楼中的邻里关系不如同一单位居住的住宅楼。

3. 北京市近郊居住区的调查（北京市建筑设计研究院）

1986 年 5 月，北京市建筑设计研究院将北京团结湖、劲松、左家庄三个 20 世纪 70 年代中期到 80 年代初期兴建的近郊居住区作为主要对象进行了调查。调查内容主要包括三方面：①调查居民对室外活动场所的感受和需求，着重了解他们对公共绿化场地以及对居住安静与安全问题的感受和需求；②调查居民对居住区生活服务设施功能的要求；③调查居民对建筑环境赋予他们的印象和意见，包括组成建筑空间的东西向住宅的使用意见。另外，为弥补调查表缺乏语言表达的局限性，这次调查还对北京历年来建成的二十多个居住区、小区进行了实地调查和访问，进一步加深了对居民需求的理解。这次调查的结果表明：

（1）居民最关心的是绿化环境，绿地中最受欢迎的是宅间绿地；

（2）其次是噪声干扰，噪声源主要来自交通；

（3）居住区中农贸市场、自行车库等生活服务设施的位置及布置也是居民所关心的问题，农贸市场的布置必须符合人们的购物活动规律，而自行车库从面积、使用方便及存车收费方面来看都存在一定问题，需要在规划设计中加以重视和解决；

（4）居民对居住区内的安全问题也十分关注，尤其是交通安全和防盗；

（5）另外，居民对小区的识别性也比较关注，希望通过建筑的体型变化来增强识别性。

4. 唐山震后小区调查（中国城市规划设计研究院）

20 世纪 80 年代，中国城市规划设计研究院会同唐山市规划处对唐山市震后新建设的配套比较完善的四个小区，即张各庄小区、机场路甲区、河北一号小区和赵庄小区进行了抽样调查，最终总结出满足居民环境需求应体现在以下五个方面：出行便捷，居住安全，购物顺便，交往活动各得其所，空间环境清洁而富有美感。

5. 20 世纪 90 年代"五小区"的调查

20 世纪 90 年代的一份针对苏州彩香新村、深圳滨河小区、合肥西园新村、天津子牙里小区、济南燕子山实验小区五个小区的调查结果表明，居民对居住区的基本要求是：居住区应具有方便性、舒适性、经济性、安全性、文化性和保健性，具体表现在以下八个方面。

（1）住宅的适用性：住宅的建筑面积、功能组合及层数，住宅的日照与通风。

（2）公共服务设施的方便性：菜场、农贸市场、副食品商店、综合基层服务店的位置；托幼、小学等文教设施的位置及质量；绿地、户外活动场所、文化活动中心的分布与质量；水、电、煤、暖等供应的可靠性。

（3）道路通畅便捷：上、下班（学）交通；公交站点位置与距离；自行车停车场（库）位置与距离；购物交通便捷；宅门距汽车道距离；消防、救护、救灾的通道；人车交通的分流与安全组织。

（4）居住安全、领域性：住宅单体设计的安全考虑；住宅群体（居住组团）布置的安全防范措施；儿童上下学的交通安全性；住宅的私密性；儿童活动场地及系统的交通安全性；居住区内外交通的安全处理；各层次空间的领域性，特别是半私有、半公共空间的围合程度。

（5）环境安静卫生：交通噪声；垃圾的管理和集运；污水的排除；儿童活动场所的吵闹声；菜场、农贸市场的卫生与喧闹声。

（6）邻里来往与互助：居民的组织机构；住宅单体和群体对邻里接近的空间设计。

（7）景观：环境的气氛；环境的视觉效果；建筑的组合与密度；空间的构图、比例、色彩。

（8）住宅经济：住宅的经济技术指标。

（三）居民对住区环境的需求

通过上述国内各时期对居民需求的调查研究，可以看出：虽然在不同的历史时期、不同的经济阶段、不同的生活水准和不同的生活方式前提下，人们对居住与生活环境的要求不相同，但是人们对生活的共同向往和追求却是一致的：既要物质与精神生活的丰富多彩，又追求生理和心理上的满足。也就是说，人们不仅要求有舒适的户内居住空间，也需要有良好的户外生活环境。

目前，我国居民对住区环境质量的需求，已经从基本的生活需求，逐渐向心理感受和文化品位等更高层次的需求发展。住区的规划设计逐步树立了以人为主体的观念，住区规划设计的核心是为人创造适宜居住的空间环境，满足生活于此的人们的多种需求。从住区的实际情况出发，因地制宜、因人制宜、因时制宜，对居民的需求进行充分研究，最终形成明确的指导思想，使住区规划具有统一明确的方向。

概括起来，当前我国居民对住区环境的需求主要体现在以下几个方面。

（1）居住舒适：包括住宅的建筑面积、功能组合及层数，住宅的日照与通风等，满足居民家庭生活的基本需求。

（2）设施配置：适应居民生活要求和行为轨迹，满足住区居民日常生活活动的需要。

（3）交通组织：满足居民在住区中"行"的安全与畅通。

（4）居住安全：满足居民生理及心理的安全需求。

（5）邻里交往：满足住区居民之间进行社会交往的需求。

（6）景观愉悦：满足居民在心理、精神上对美的需求。

（7）住区特色：包括住区的整体布局；建筑、空间、道路、绿地、地形与小品，细部形态的塑造等，使居民感到亲切而产生自豪感和家园感，满足居民心理归属的需求。

三、居民的需求与公共服务设施的关系

环境学家提出，居住环境的满意度与居住环境的 4 个方面有密切的关系：安全防卫、邻里关系、物质环境和公共服务设施的便利。由此可见，公共服务设施对于居住环境的评价有着举足轻重的影响。

公共服务设施是满足住区居民日常生活需要的重要设施，它与居民的日常生活密切相关。如居民买菜、做饭，需要商业服务设施；儿童、青少年接受启蒙和基础教育，需要教育设施；居民为充实和丰富业余生活，增进邻里关系，需要文体娱乐设施和交往场所；居民看病、就医和预防、保健，需要医疗卫生设施；居民用水、暖、电、煤气等，需要市政公用设施等。

虽然居民对各种设施的使用频率不同，但却必不可少。公共服务设施设置的数量和规模，配置的比例，空间布局，决定了居民使用的便利程度，影响着居住生活的质量。完善的公共服务设施不仅为住区的和谐提供了强大的物质基础，同时在满足居民的精神需求方

面也起到了重要作用。

因此，住区公共服务设施规划，要符合该住区居民的生活规律，满足居民的生活需求。需要设置什么设施、设施的规模如何、布置在何处，这些都是住区规划应充分考虑的问题，同时还应考虑设施与人口结构、服务半径、生活方式等的关系。

第二节　居住小区公共服务设施的分类、分级与构成

居住小区公共服务设施是指与小区人口规模相对应配建的、为居民服务和使用的各类设施。它们与小区居民的生活密切相关，是构成小区生活环境的物质基础。

一、公共服务设施的分类

居住小区公共服务设施主要服务于本小区居民，从内容上看，涉及居民生活的各个领域，因此种类繁多，有各自不同的使用功能、性质、特点及环境要求。小区公共服务设施可以按照功能性质、使用频率以及服务性质等进行不同分类，以便在居住小区规划设计中对公共服务设施进行功能组合、规划布局和分级配建。

（一）按功能性质分类

居住小区公共服务设施按功能性质可分为八类，每一类又分为若干项目。

（1）教育——包含托儿所、幼儿园以及小学等；

（2）医疗卫生——包含卫生站等；

（3）文化体育——包含青少年文化活动站、老年文化活动站、居民健身设施等；

（4）商业服务——包含综合食品店、综合百货店、餐饮店、药店、书店、便民店、其他第三产业设施等；

（5）金融邮电——包含储蓄所、邮电所等；

（6）社区服务——包含社区服务中心、托老所、物业管理、治安联防办、居（里）委员会等；

（7）市政公用——包含变电室、公共厕所、路灯配电室、垃圾收集点、居民存车处等；

（8）行政管理及其他——包括小区内其他管理用房等。

根据各类公共服务设施的功能特点可以将有利经营、互不干扰的有关项目相对集中形成各级公共活动中心，如将百货商店、专业商店等商业服务项目和储蓄所、邮政所等金融邮电项目联合设置，布置在小区出入口内外人流交汇或过往人流频繁地段，以方便使用和提高经济效益。

（二）按使用频率分类

各项公共服务设施由于与居民生活的密切程度不同，使用频率就不尽相同。公共服务设施按居民的使用频率可分为以下两类。

1. 每日或经常使用的公共服务设施

主要指少年儿童教育设施和满足居民日常性购买的商业服务设施。如小学、幼儿园、存车设施以及基层商业服务设施等。

这类设施与居民日常生活活动关系十分密切、具有一定的规律性和明显的行为轨迹，要求近便，宜分散设置。

2. 必要而非经常性使用的公共服务设施

主要指满足居民周期性、间歇性的生活必需品和耐用商品的消费，以及居民一般生活所需的修理、服务等需求的公共服务设施。如书店、药店、卫生站、社区服务、行政管理设施等。

这类设施为居民生活所需，但无固定要求，呈无规律性现象。要求项目齐全，有选择性，宜集中设置，方便居民选购，提供综合服务。

公共建筑的使用频率是随着生活水平的发展而变化的，也会随着年龄、爱好、生活习惯和生活规律的不同而出现差异。同一类公共建筑对某些人来说是偶然性，而对另一些人来说则可能是经常性的，反之亦然。

（三）按服务性质分类

居住小区公共服务设施可分为公益性设施和盈利性设施两大类。

1. 公益性设施

主要是指教育设施、社区服务设施以及医疗卫生设施等。

2. 盈利性设施

主要指商业服务设施、金融邮电类设施。

在某些情况下，公益性设施和盈利性设施的界线并不十分清晰，一些公益性的设施可能并不是纯公益性的，如某些特殊类型的教育设施和医疗卫生设施。同时，一些公共服务设施也越来越趋向功能的综合化，因此很难明确地将它们划归在某一个服务内容中，如社区中心可能是一个包含多类服务设施的综合体等。

二、公共服务设施的服务半径与分级

伴随着现代交通的发展，人们对于距离的认识已不仅是地理空间概念，交通工具的大量使用，又使距离成为了一种时间概念。对于各项设施的服务半径也要从空间距离和时间距离两方面来探讨。

（一）空间距离

空间距离是指公共服务设施距服务区边沿的直线距离，也称为服务半径。各项设施服务半径的确定应考虑两方面的因素：一是居民的使用频率，二是设施的规模效益。居住小区级设施的服务半径为400～500m，居住组团级设施的服务半径为150～250m，邻里生活院落级设施的服务半径为50～120m。

（二）时间距离

时间距离是指居民从家到达公共服务设施所消耗的交通时间，此时间与人们所采取的交通方式有关。居民在使用住区公共服务设施时多数采用步行方式，因此，这里所说的时间距离是以步行时间为准。

时间距离的确定除了考虑使用频率和规模效益的因素之外，还应增加人的行为能力因素。居住小区级设施的服务半径为5min的距离，居住组团级设施的服务半径为2～3min的距离，邻里生活院落级设施的服务半径为1min左右的距离。

（三）公共服务设施的分级

居住小区根据居住人口规模进行分级配套是居住小区规划的基本原则。分级的主要目的是配置满足不同层次居民基本的物质与文化生活所需的相关设施，配置水平的主要依据是人口规模。

公共设施的分级首先要考虑它们的使用性质和居民使用频率的关系，通过分级布置让居民能更直接、更顺利地使用这些设施。同时要考虑公共设施本身经营管理的特点，通过分级来调整它们的档次和内容，做到规模适宜。其中既考虑了居民使用的便利，也兼顾了设施设置和运营的经济性。

以公共服务设施的不同规模和项目区分不同配建水平层次，可分为三级。

1. 邻里服务设施（邻里生活院落级）

以300～1000人左右的规模为基础的邻里生活院落级公建，公建的配置可依据邻里生活院落的私密性要求，设置门卫、收发、奶站、自行车库等设施。

2. 基层服务设施（组团级）

以1000～3000人的人口规模为基础的组团级公建，应配建便民店、居民存车、居委会等设施。

基层商业网点、居民存车（库）处，每天都要使用，应按它们的合理经营规模和服务对象均衡分布。

3. 基本生活设施（小区级）

以5000～15000人的人口规模为基础的小区级公建，应配建托幼、小学、商业服务、社区服务、文化体育等设施。商业服务设施如美容美发店、书店、综合副食店、储蓄所、邮电所等常常设在小区的主要出入口，与居民的主要出行路线相吻合，方便居民使用。小学校则设在小区内部，排除居住区等交通量较大的道路对小学生上学路上的威胁。幼儿园、托儿所的儿童需大人接送，离住家不能太远，应设在居民上下班顺路经过的地方。

一般来讲，服务人口规模愈大，吸引范围就愈大，公共服务设施配建水平（配建项目及面积指标）愈高，服务等级和提供的商品档次也愈高。

公共服务设施分级应根据城市大小、居住小区的规模和居住小区在城市中的位置来确定。一般来讲，在大城市或中等城市中规模较大的新建区可按小区、居住组团和邻里生活院落三级配置；小城市只具备居住组团的规模时，只配置日常性使用的公共服务设施，其他公建由城市统一安排。

随着现代物业管理制度在小区中的应用，居住小区的规划结构日趋多元化，组团在规划结构中有逐步淡化的趋势。因此，居住小区公共服务设施的分级将更加灵活，居住组团级公共服务设施的功能也将逐步弱化。

三、公共服务设施的项目与规模

（一）项目配置

居住小区公共服务设施应与人口规模、层级相对应，配套设置公共设施项目，配建要求见表4-1的规定。但当规划用地内的居住人口规模介于两种级别之间，在配置公共设施时，除配建下一级应配建的项目外，还应根据所增人数及规划用地周围的设施条件，增配高一级的有关项目。各类公建项目均应成套配建，不配或少配都会给居民带来不便。

此外，居住小区公共服务设施项目，应根据现状条件及基地周围已有设施、人口结构和消费能力等情况，对配建水平和面积相应地增减。如小区处在交通较发达的地段，流动人口相对较多，可增设百货、饮食、服装等项目或增大同类设施面积；若地处商业中心地段则可减少商业、文娱等项目的规模，适度增加餐饮、服务等项目的规模。

随着社会的发展、人们生活需求的进一步提高，住区公共服务设施也会新增或淘汰一些项目，因此配建公共服务设施既要考虑当前还要预测未来，并留有余地。

（二）配置规模

居住小区的建设量大、投资多、占地广，且与居民的生活密切相关，为合理使用资金

表 4-1　公共服务设施分级配建表

类别	项目	居住区	小区	组团
教育	托儿所	—	▲	△
	幼儿园	—	▲	—
	小学	—	▲	—
	中学	▲	—	—
医疗卫生	医院(200~300床)	▲	—	—
	门诊所	▲	—	—
	卫生站	—	▲	—
	护理院	△	—	—
文化体育	文化活动中心(含青少年、老年活动中心)	▲	—	—
	文化活动站(含青少年、老年活动站)	—	▲	—
	居民运动场、馆	△	—	—
	居民健身设施(含老年户外活动场地)	—	▲	△
商业服务	综合食品店	▲	▲	—
	综合百货店	▲	▲	—
	餐饮	▲	▲	—
	中西药店	▲	△	—
	书店	▲	△	—
	市场	▲	△	—
	便民店	—	—	▲
	其他第三产业设施	▲	▲	—
金融邮电	银行	△	—	—
	储蓄所	—	▲	—
	电信支局	▲	—	—
	邮电所	—	▲	—
社区服务	社区服务中心(含老年人服务中心)	—	▲	—
	养老院	△	—	—
	托老所	—	△	—
	残疾人托养所	△	—	—
	治安联防站	—	—	▲
	居(里)委会(社区用房)	—	—	▲
	物业管理	—	▲	—
市政公用	供热站或热交换站	△	△	△
	变电室	—	▲	△
	开闭所	▲	—	—
	路灯配电室	—	▲	—
	燃气调压站	△	△	—
	高压水泵房	—	—	△
	公共厕所	▲	▲	△
	垃圾转运站	△	△	—
	垃圾收集点	—	—	▲
	居民存车处	—	—	▲
	居民停车场、库	△	△	△
	公交始末站	△	△	—
	消防站	△	—	—
	燃料供应站	△	△	—
行政管理及其他	街道办事处	▲	—	—
	市政管理机构(所)	▲	—	—
	派出所	▲	—	—
	其他管理用房	▲	△	—
	防空地下室①	△	△	△

① 在国家确定的一、二类人防重点城市,应按人防有关规定配建防空地下室。

注:▲ 为应配建的项目;△ 为宜设置的项目。

和城市用地，国家对居住小区规划和建设制定了一系列控制性的定额指标。考虑居民在物质文化生活方面的多层次需要，以及设施和场地的自身经营管理的要求，配建项目和面积要与其服务的人口相对应，才能方便使用和发挥最大的经济效应。因此，居住小区公共服务设施要求按照人口规模，分级分类配置。

公共服务设施规模以每千居民所需的建筑和用地面积作为控制指标，即以"千人总指标与分类指标"控制（简称"千人指标"），具体规定见表2-5和表2-6。

"千人指标"即每千居民拥有的各项公共服务设施的建筑面积和用地面积。它是一个包含了多种因素的综合性指标，具有很高的总体控制作用。根据居住人口规模估算出需配建的公共服务设施总面积和各分类面积，作为控制公建规划项目指标的依据。

另外，根据居住小区所在地区的不同，市场经济、现状条件等因素的差异，公共服务设施及场地的配置指标应具有灵活性。

第三节　居住小区公共服务设施的规划布置

居住小区公共服务设施的规划布置，应充分考虑居民日常生活的便利、对邻里交往的促进、资源的合理与有效利用及空间景观特征的塑造。它设置的总体水平不仅综合反映了居民对物质生活的客观需求和精神生活的追求，也体现了社会对人的关怀程度，是城市生活的缩影与写照。

一、规划布置要求

公共服务设施的布置应根据级别和人口规模，按配套齐全、分散与集中相结合的原则进行。其基本要求有以下几个方面。

（1）相对集中：重视节约用地和节省投资，以有效的面积满足使用功能要求，发挥最大的效益，使居民一次出行就能达到多种目的。

（2）缩短服务半径：尤其是居民日常性使用的如自行车库等公共服务设施的布置，使居民以最短的时间和最近的距离达到服务点，完成日常所需的生活活动。

（3）符合人流走向：对于一些日常使用频繁的服务设施，最好设在居民上下班必经之地，避免走回头路。

（4）充分发挥服务潜力：公共服务设施的布置要注意兼顾小区内外，以取得更好的经济效益。

（5）美化环境，减少干扰：结合公共服务设施的使用性质，为居民创造良好的公共生活环境，体现小区的文化特色。针对那些干扰居民（如产生噪声、气味等）的公共服务设施，布置时要和住宅保持适当的距离。

二、规划布置形式

公共服务设施根据不同项目的性质、使用功能和居民的生活活动需求，可以分为分散和集中两种基本布置形式。

（一）分散布置

适宜于分散布置的主要有两种情况：一是功能相对独立，对环境有一定要求的，如教育和医疗设施等；二是同居民生活关系密切，使用、联系频繁的基本生活设施，如自行车库和基层商业服务设施等。

1. 教育设施

小学要求设于环境安静、交通安全的独立地段，校舍和操场要求有良好的朝向。同时，上下学时人流量较大，课间比较嘈杂，对居民形成干扰，应与住宅有一定的间隔。布置时应避开主要出入口，一般可放置于居住小区的边缘，沿城市支路比较安静的地段。不宜在交通频繁的地段，沿城市干道或铁路附近布置，以免噪声干扰和交通不安全，如图4-4所示。

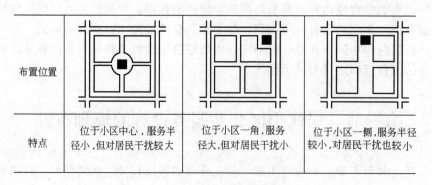

布置位置			
特点	位于小区中心，服务半径小，但对居民干扰较大	位于小区一角，服务半径大，但对居民干扰小	位于小区一侧，服务半径较小，对居民干扰也较小

图4-4　小学的规划布置

托儿所和幼儿园可联合设置，也可单独设置，要求有充分日照的室外活动场地，以利幼儿身心健康。选择接送便捷，环境安静、舒适、优美的地段，可设于小区主要出入口附近或较适中的位置，并与小区的步行和绿化系统相联系，如图4-5所示。

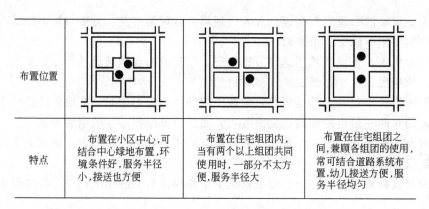

布置位置			
特点	布置在小区中心，可结合中心绿地布置，环境条件好，服务半径小，接送也方便	布置在住宅组团内，当有两个以上组团共同使用时，一部分不太方便，服务半径大	布置在住宅组团之间，兼顾各组团的使用，常可结合道路系统布置，幼儿接送方便，服务半径均匀

图4-5　托儿所、幼儿园的规划布置

2. 医疗卫生设施

卫生站要求设于环境安静、卫生、交通方便、地势平坦，便于病人就诊和救护的独立地段，同时还应兼顾小区外部人员的使用。

3. 存车设施

自行车库的位置选择对居民停放与否关系很大，它的位置宜接近住宅，到每户的距离最好不超过100m。目前，小区内自行车库一般分为地上集中式自行车库和地下、半地下自行车库两种基本形式。

地上集中式自行车库在早期居住小区中较为普遍，由于其服务半径过大，不符合居民活动流线，对小区景观也有一定影响，因此近些年来，逐渐被地下或半地下自行车库所取代。地下或半地下自行车库常在每个组团或组群内设一个，利用住宅地下或半地下室来存车，如成都棕北小区自行车库（图 4-6），屋顶可作为露天活动场地，周围填土绿化，组织到绿地中去，把庭院中空间完整地保留下来。

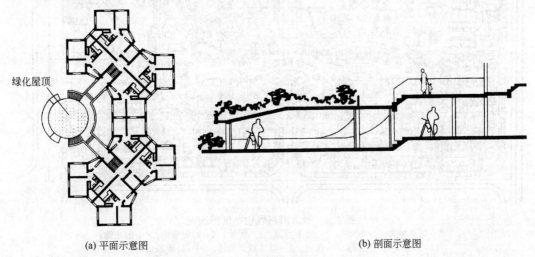

(a) 平面示意图　　　　　　　　　　　　　　　　(b) 剖面示意图

图 4-6　成都棕北小区自行车库

机动车停车场（库）的布局应考虑使用方便，服务半径不宜超过 150m。通勤车、出租汽车及个体运输机动车等的停放位置一般安排在居住小区或组团出入口附近，以维持小区或组团内部的安全及安宁。为节约用地，在用地紧张地区应尽可能地采用多层停车楼或地下停车库。

（二）集中布置

大部分商业服务和文化娱乐设施适宜采用集中布置的形式。常见的有：社区活动中心将商业服务设施相对集中，选择交通方便、人流集中地段，成片或成街布置，形成步行商业中心；将青少年活动中心、老年活动中心等文化体育设施与公共绿地结合，形成环境优美、内容充实、景观丰富的文化娱乐中心；还可将商业服务设施、文化体育设施与小区绿化联合起来形成综合性休闲活动中心等。这类集中设置的公共活动中心，常代表社区的形象，具有聚合力。服务对象主要以本区居民为主，根据基地环境条件，也可兼顾周边服务，提高使用效率和经济效益。

公共设施的集中布置概括起来可以分为带状（成街）、面状（成坊）与混合等三种布置形式。

1. 带状布置

所谓带状布置，就是将公共设施沿着街道依次展开，在居住小区中形成一条商业街。这种形式在交通不发达的时期，运用得较为广泛，沿街展开的形式也符合我国居民喜欢逛街的生活习惯。在当今交通快速、拥挤、污染严重的情况下，在进行带状布置时，需要精心规划设计，运用各种手法，如空间的层次划分、限定；功能的分离、组织；景观的设计、塑造；设备的运用、安置等。

带状布置一般顺应小区主要人流方向，选择在出入口两侧或交通量不大的相邻道路上，对改变城市面貌效果较为显著。建筑形式多采用商业与住宅底层结合的商住楼，有利于节约用地。但是，此种布置方式往往会使居民购物路线过长，且不利于集中管理。带状布置有沿街两侧、单侧布置以及步行街等形式。

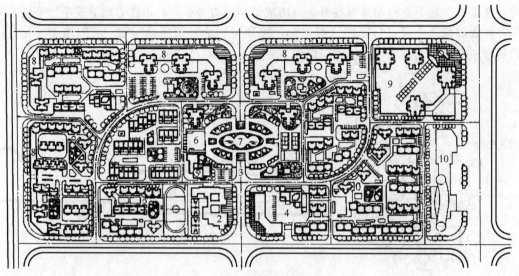

图 4-7　柳州河东居住小区平面图
1—副食集市；2—小学；3—地下过道；4—托幼；5—物业管理；6—游泳池；
7—音乐喷泉；8—商店；9—商住城预留地；10—公建预留地

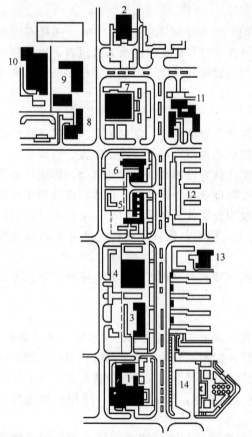

图 4-8　辽阳石化居住区中心街区规划平面图
1—文化宫（剧场）；2—电影院；3—百货商店；4—副食
商店；5—饭店；6—旅馆；7—体育馆；8—科技馆；9—少
年宫；10—游泳池；11—邮电局、银行；12—日杂
商店；13—浴室；14—文化宫广场

沿街两侧布置，能够营造浓郁的生活气氛，布置时注意将同类型的公共建筑放置在同一侧，以减少人流横向穿越街道。如柳州河东居住小区（图 4-7），将副食集市、物业、文化站、商店等公共服务设施沿小区中部南北向道路集中布置，且在规划中采用平台的手法，将东西两部分联系起来，方便居民使用。辽阳石化居住区中心街道（图 4-8），将人流多的公共建筑如文化馆、百货商店、副食商店、饭店、体育馆等设置在街道一侧，为解决大量人流相应配置了较宽的步行活动区，并利用地形，将其置于台地上。邮电局、银行、日杂商店等不太经常使用的设施则放在中心街道的另一侧，形成有主有次，极具特色的商业一条街。

在商业务设施项目不多的情况下，可以采用单侧布置的方式。如常州红梅西村（图 4-9），顺应居民生活轨迹，在小区主入口两侧和沿竹林东路一侧建造了近 500m 长的购物一条街，不仅为小区居民提供了一个方便、良好的购物环境，同时也满足了个体商业经济的发展。另外，单侧布置还可以与街道另一侧的公园或绿地结合，形成公共建筑与开放绿地的搭配，使居民把日常生活中的购物等活动与休闲、游憩相结合。如长沙望江花园小区（图 4-10），小区中心结合中心绿地沿小区主路带状

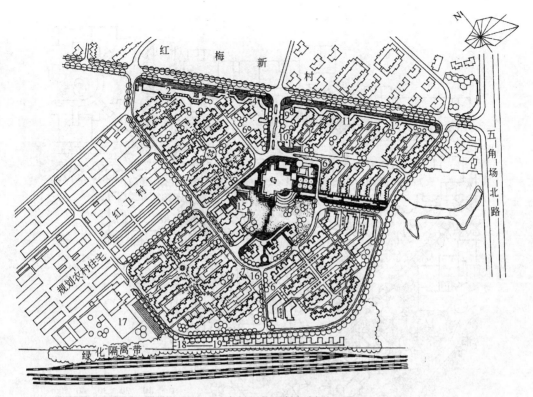

图 4-9　常州红梅西村规划平面图

1—厕所；2—农贸市场；3—小吃店；4—邮电局；5—百货商店；6—开闭所；7—居委会；

8—副食店；9—医疗站；10—管委会；11—煤气修理站；12—个体户商店；13—综合楼；

14—老年之家；15—托幼；16—煤气调压站；17—小学；18—街办仓库；19—街办工厂

布置，一侧为邮电、储蓄、粮油饮食等商业性服务设施，另一侧为中心绿地，结合设置儿童游戏等场地，使公共建筑与小区景观密切结合。

　　随着机动交通的日益加剧，出现了人性化的步行商业街形式。其目的是为解决商业人流和交通车流相互干扰的矛盾，充分保证居民的安全和创造一个休闲、放松、宜人的购物环境。因此，在有条件的住区中可以规划设计步行商业街，充分体现"以人为本"的思想。

　　2. 面状布置

　　所谓面状布置，就是在干道邻接的地块内，将公共服务设施集中起来，运用建筑组合的方法，结合外部空间环境，形成街区式的公共中心。

　　这种方式在独立地段采用成片集中布置的形式，可以充分满足各类公共服务设施布置的功能要求，易于形成独立的步行区，利于居民使用和经营管理，但是占地较大，交通流线也比带状布置复杂。

　　采用面状布置方式时，一方面要考虑公共服务设施各自的功能性质和特点，如商业要有连续性，文化建筑要有良好的环境和景观，娱乐设施要考虑人流疏散等，依据各类设施的不同要求和特点成组结合、分区布置。同时，还要合理地组织各种交通流线，人流和货流不交叉、不干扰。在建筑群体的艺术处理上要兼顾沿街立面和内部空间组合的要求。

　　面状布置形式有院落型、广场型、混合型等多种形式。其空间组织主要由建筑围合空间，辅以绿化、铺地、小品等。如日本大阪千里古江台邻里中心（图 4-11）将商业服务设施与绿化结合，在中心布置了树木、亭、廊等，便于购物时休息观赏。广东中山翠亨槟

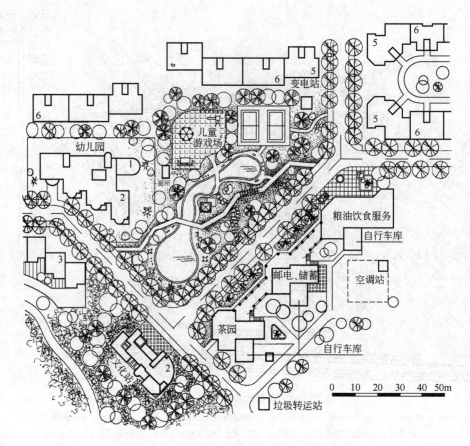

图 4-10 长沙望江花园小区中心平面图

(图中数字表示建筑的层数)

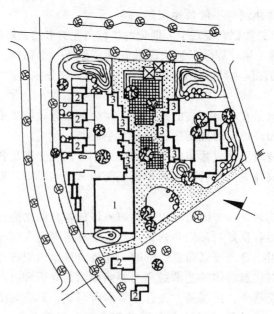

图 4-11 日本大阪千里古江台邻里中心平面图

1—市场；2—新开店铺；3—店铺

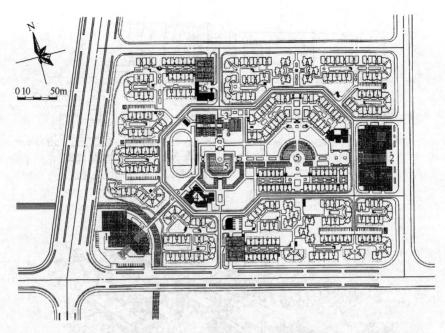

图 4-12 广东中山翠亨槟榔小区平面图
1—社区中心及管理；2—商业服务设施；3—小学；4—托幼；5—中心绿地；6—综合服务

榔小区（图 4-12），公共服务设施按照不同性质采用面状布置，其中商业购物设于小区东部，社区活动中心及管理设于小区西南部，小学、托幼等教育类设施则结合中心绿地设置。

3. 混合布置

顾名思义，混合布置就是将带状与面状结合起来，根据公共服务设施的不同功能和特点，形成街道加街区的公共中心。这种布局兼有带状布置与面状布置的优点，既有利于改善城市面貌，又方便居民使用和经营管理。

上海曹杨新村居住区中心（图 4-13）将人流较大的综合商店、电影院、饮食店等置于沿街同一侧，其辅助设施仓库、停车场、厨房等置于后院。沿街两侧分别有支路作为货运线路。电影院、文化馆紧临支路与人流较少的邮电、医疗对街布置，使集中人流有三个方向的疏散口，以免拥塞主干道。建筑以低层单独设置为主，有少量商住楼，高低错落，变化有致。广州红岭花园（图 4-14），基地为丘陵山地，地形复杂，北高南低。为了形成一定的商业规模，提高经营效益，小区级公共服务设施均布置在干道北侧，既减少对南部别墅区和住宅区内部的干扰，又便于居民上下班时购物，有助于形成繁华的商业气氛。小区购物中心、文化娱乐中心布置在核心地段，围合成尺度亲切的市民广场，并与中心绿地毗连，内设文化馆、图书馆及青少年活动中心，将购物、休闲、娱乐结合起来。西侧临街别墅的底层设置"下店上居"的专业商店，以不同规模、不同经营方式满足居民的不同需要，主副食、餐饮、银行、邮电等商业服务设施则布置在东侧高层公寓的群房中，为小区日后向东发展奠定基础。

这种混合布置的方式，有利于形成明确的小区公共中心，一方面满足了居民物质和精神文化生活的多种需求，另一方面也为居民提供了多样化的邻里交往场所，同时也是小区文化和特色的重要体现。

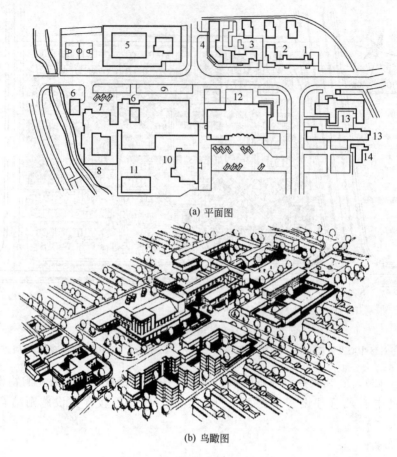

(a) 平面图

(b) 鸟瞰图

图 4-13 上海曹杨新村居住区中心
1—街道委员会；2—派出所；3—人民银行；4—邮电支局；5—文化馆；
6—商店；7—饮食店；8—厨房；9—综合商店；10—浴室；
11—商业仓库；12—影剧院；13—街道医院；14—接待室

图 4-14 广州红岭花园小区中心平面图
1—购物、文娱中心；2—专业商店；3—商业服务设施

  上述带状、面状和混合三种布置方式各有特点，在具体进行规划设计时，要根据当地居民生活习惯、建设规模、用地情况以及现状条件综合考虑，酌情选用。

居住小区公共设施除上述平面规划布置形式外，还可以充分利用地形，采用立体化的布置方式，如瑞典魏林比居住区活动中心（图 4-15）。

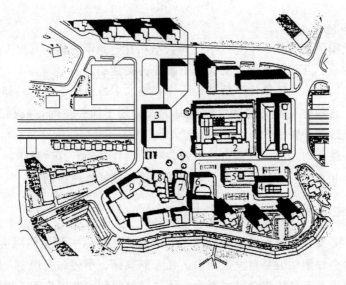

图 4-15　瑞典魏林比居住区活动中心平面图
1—事务所、商店；2—商店、百货公司、餐厅；3—地铁站、商店；4—保健中心、商店；
5—福利事务所；6—剧场；7—电影院；8—社区中心；9—教堂

第四节　公共服务设施与生活环境

　　住区规划应充分考虑居民对住区环境的物质和精神方面的需求，为居民创造一个舒适、宜人的多元化的居住环境。

　　公共服务设施作为住区的重要组成部分，与居民的生活密切相关，是住区环境质量的重要体现。它不仅要满足住区居民的物质需求，同时还在营造丰富多彩的住区环境、特色鲜明的住区文化，和谐舒适的邻里生活等方面也起着极为重要的作用。

一、居民日常生活活动

　　居民在住区的日常生活活动总体上可以划分为三种类型：必要性活动、自发性活动和社会性活动。每一种活动类型对于物质环境的要求都大不相同。

　　（一）必要性活动

　　必要性活动包括了那些多少有点不由自主的活动，如上（放）学、上（下）班、购物、存取自行车、等人、小孩接送、候车、家务等。换句话说，就是那些人们在不同程度上都要参与的所有活动。一般地说，日常的工作和生活事务属于这一类型。

　　因为这些活动是必要的，它们的发生很少受到物质环境构成的影响，一年四季在各种条件下都要进行，参与者没有选择的余地，外部环境的设计应为此提供方便。

　　（二）自发性活动

　　自发性活动与必要性活动相比是另一类截然不同的活动，只有在人们有参与的意愿并且在时间、地点、场所可能的情况下才会发生。这一类型的活动包括散步、呼吸新鲜空气、驻足观望有趣的事情及坐下来晒太阳等。

自发性活动只有在适宜的户外环境条件下才会发生，这一点对于环境规划而言，是十分重要的。

（三）社会性活动

社会性活动指的是在公共空间或半公共、半私有空间中有赖于其他人员参与的各种活动，包括儿童游戏、互相打招呼、交谈、下棋等各类活动。

这类活动可以称为"连锁性"活动，因为在绝大多数情况下，它们都是由另外两类活动发展而来的。这种连锁反应的产生，是由于人们处于同一空间，或相互照面、交臂而过，或者仅仅是过眼一瞥。

人们在同一住区内生活，就会自然引发各种社会性活动。这就意味着只要改善住区环境中必要性活动和自发性活动的条件，就会间接地促成社会性活动。

二、日常生活活动与生活环境

一般来讲，必要性、自发性和社会性三类活动往往是以一种交织融会的模式发生的。如交往，既是社会性活动也是自发性活动。在人们徜徉、小憩和交谈中，必要性、自发性和社会性活动以形形色色的组合方式融为一体。通过它们的共同作用，使得住区的生活环境变得富于生气和魅力。

社会性活动和自发性活动是住区规划设计所期望达到的社区文明目标的重要内容。自发性活动只有在适宜的空间环境中才会发生，而社会性活动则需要有一个相应的人群能够适宜地进行活动的空间环境。由于这两种活动是即兴发生的，具有很强的条件性、机遇性和流动性的特点，这就要求住区环境赋予行为发生者以合适的空间和具有一定设施和环境的场所。当户外环境具有较高质量时，尽管必要性的发生频率基本不变，但由于实体和空间条件好，其环境系统的功能效益就得到充分发挥；并且由于场地和环境布局宜于居民驻足、小憩、游玩等，大量的各种自发性活动和社会性活动会随之发生和增加。

在环境低劣的住区环境中，只有零星的极少量活动产生，人们匆匆赶路上班或回家，住宅以外的环境就没有吸引力，成为被冷落的"沙漠"。在良好的住区环境中，情况就决然不同，住区就像一个舞台，丰富多彩的人间世情在此上演。

三、公共服务设施在住区环境中的作用

良好的住区生活离不开配套完善的公共设施，它是住区的重要组成部分，是满足居住者日常生活需求的保障。随着经济的发展和居民生活水平的提高，住区公共服务设施在配置内容和配置标准上也随之变化和提高。

在早期的住区建设中，公共服务设施的服务性功能重于观赏性和娱乐性。尤其是20世纪70年代末、80年代初建设的居住区或居住小区中，普遍存在基本生活服务设施缺乏的问题，如洗澡难、买菜难、存车难等。为了改善小区内居民生活不便的状况，满足居民在物质生活方面的基本需求，小区规划中十分重视基本生活设施的配置，如副食店、煤店、农贸市场等，强调设施的功能性。

20世纪80年代中期开始，住区公共服务设施开始向分级完善、方便使用的方向发

展，在功能性的基础上兼顾观赏性。如住区中的托幼和老年、青少年活动中心等设施，既要满足居民使用的方便，又需要有安静优美的环境，将它们与住区中心绿地结合设置，从而兼顾使用和环境的多种要求。

20 世纪 90 年代中期以来，我国城镇居民的生活基本从温饱型向舒适型转变，从而对住区公共服务设施的配置产生了极大的影响。居民对住区公共设施的要求不再停留于物质层面，而是向精神层面转化。除了配置满足基本生活需求的设施之外，住区中还出现了许多休闲性、娱乐性、观赏性的设施，大大地改善了住区的面貌，也体现出住区的文化内涵和文明程度，使居民产生归属感和自豪感。

可见，公共服务设施配置的不断变化，体现出居民对于住区生活环境要求的不断提高。居民不但要求住得安全、舒适，也要求过得有情调、有品味和有内涵。在满足居民日益增长的多元化需求，为居民提供娱乐、休闲和其他服务的现代住区生活环境中，公共服务设施将会起到更为重要的作用。

第五章

居民的交通行为与道路、停车设施

道路系统的构建与交通方式、特点关系密切，道路系统的规划设计是以交通需求为依据的。住区是城市交通的起始，也是末梢，其道路系统的规划设计以满足居民的日常交通行为和户外活动为目的。停车是交通的一种静止方式，道路的末端是停车设施和场地，停车场（库）的布置与设计也应是道路交通系统的基本内容。

第一节　住区居民的交通行为

一、交通方式选择的一般方法

通常所说的交通方式，是按采用的交通工具来划分，有机动车交通、非机动车交通和步行交通三种。居民在考虑选择交通方式时的基本要素是出行距离。根据一般人的行为能力，300～500m 是轻松愉快的步行距离，超过 1km 就开始感到疲劳；骑自行车 2～3km 感到轻松自如，但超过 5km 就有费劲的感觉。居住区的规模在 40～100hm²，距离约为 1000m 左右；居住小区规模在 10～20hm²，距离约在 500m 以内；住宅组团规模 3～5hm²，距离约 100m 左右。由此可见，在居住区范围的活动多数要借助于交通工具，在居住小区及住宅组团内的活动以步行为主。

二、交通需求与方式

住区中的交通来源于居民的生活需求，居民的生活需求主要有三方面，一是居民日常生活活动的需求，尤其是居住小区所提供的物质环境基本能满足居民的日常生活需求，主要活动的范围在住区内，由此产生的交通为内部交通；二是居民上班、社交、购物、旅行等社会活动需求，活动的范围主要在住区以外，住区是此类交通的起始点，因此，可称为出行交通或通勤交通；三是居民日常生活所需的上门服务、搬家、急救、投送等活动，这些活动所产生的交通是以住区为目的地，故可称为外来交通或服务性交通。综其以上内容，住区中的交通类型可分为内部交通、出行交通（通勤交通）和外来交通（服务性交通）三种类型。

（一）内部交通

由居民日常生活活动需求产生的内部交通，交通量的多少与住区结构、布局的合理程度相关。能产生内部交通的居民活动行为有：买菜、买日常生活用品、上下学、幼托接送、邻里互访、健身活动、日常休闲、少儿游戏、环境保洁、垃圾清运、绿化管理、安全保卫、市政维修等。这些活动发生的频率较高，分布较广，人群主要集中在老年人和15岁以下的少儿及接送幼托和小学生的家长。

（二）出行交通

出行交通产生自居民上班、社交、购物、旅行等社会活动需求，住区是出行交通发生的起始点，出行的目的地与住区的关联度不大，但出行的方式与住区的关系密切。与居民出行相对应的是居民出行后的返回，二者在交通方式和对交通系统的需求方面是一致的。交通的便利程度与住区道路的布局相关。道路既要利于出行，又要不干扰居民生活。根据目前的社会状况和居民生活实际，居民出行一般情况需借用交通工具。

（三）外来交通

居民日常生活所需的上门维修、搬家、急救、投送等服务活动产生的外来交通，把住区作为交通的目的地。产生外来交通的主体不是住区居民，活动内容有：投递、送奶、送家具、搬家、救护、消防等，这些活动所产生的交通均希望达到准确、快捷的目的，交通工具的使用是必然的。由此，对于住区道路就要求平顺、便利、易识别。要达到这个目的，住区的布局就应合理、清晰、组团分明，有较强的识别性和良好的标示性。

三、交通的特点与规律

（一）时间特点与规律

（1）根据以上分析，产生内部交通的主要有两部分人群，由老人产生的交通，时间没有明显的规律；中、小学生和幼托接送人产生的交通有明显的时间段，时间分布参见表5-1。

表5-1　中、小学生和幼托接送人活动时间分布

活动人群	时间分布
学生	早晨7：30～7：50；中午11：35～12：10，1：40～2：20；下午4：30～5：50
幼托接送人	早晨7：50～8：30；下午5：30～6：00

（2）由于人们上班时间相对固定，形成了居民早晨出行比较集中。随着社会的发展，城市的扩张，工作地与居住地距离的逐渐加大，有越来越多的人在外解决午餐，午后居民出行量减少。出行交通产生的时间集中在早晨7：30～8：30和傍晚。

（3）以服务为主要诱因而产生的外来交通，根据居民生活需求的节奏与频繁度，影响交通量。投送活动为每日发生，时间一般集中于早晨和傍晚，其余没有明显的时间规律。

（二）分布特点与规律

（1）在住区老年人的活动没有明显的规律，但在绿化较好、设置有健身和游乐器械的地方、社区中心等公共设施集中的场所分布较多。学龄儿童的活动呈现出明显的规律性：集中在上下学时间、学校——家为主要活动线路，上下学路途中以行走活动为主、课余时间以骑自行车、轮滑、滑板车等玩耍为主，活动没有特定场所，活动时往往三五成群，比较嘈杂。高峰时交通量集中于通向学校和托幼的道路。

（2）虽然每个人出行的目的和方向各有不同，但相同的是出行的目的地和所要进行的活动均不在住区，多数需要借助于交通工具。依赖公交出行的居民出行的方向一般较集中于靠近城市主要道路、距公交站点较近的出入口，采用私家车出行的居民一般选择靠近停车场、并避开交通较拥挤的城市道路路段的出入口。

（3）外来交通依据居民生活需求而产生，因此，目的地不确定，且分散，要求快速、准确、靠近住户。

（三）行为特点与规律

（1）住区内部交通的方式根据活动内容的差异，买菜、买日常生活用品、上下学、幼托接送、邻里互访、健身活动、日常休闲、少儿游戏、安全保卫等多为步行活动；环境保洁、垃圾清运、绿化剪修、市政维修活动为有交通工具参与的机动与非机动交通。

（2）出行是居民几乎每天都发生的交通行为，虽然出行的目的地与住区的关联度不大，距离远近不同，通常情况下都需要借助交通工具，对交通工具的选择有家用汽车、自行车、公共汽车、出租车等方式。

（3）外来交通基本都要依赖交通工具，以目前状况来看，今后一个时期内，投递、送奶等活动较多利用非机动交通工具，而运送生活用品、搬家、救护、消防等活动使用的都是机动交通工具，急救与救火具有紧急性和偶发性的特点。

总之，内部交通呈现出：步行为主，交通性低，休闲性强，交通发生的时间没有明显规律，高峰时交通量集中于通向学校和托幼的道路等特点与规律。

出行交通发生的主体为住区居民，频繁产生此种行为需求的主要是青少年和成年人。步行与车行在出行交通中并存，其中车行是产生住区交通的主要方面。

外来交通按照需求分为每日都发生的、频率较高的和偶尔发生的、频率较低的两种，提供到户服务、车行是外来交通主要特点。

第二节　居住小区的交通组织与道路规划设计

一、居住小区的交通组织

居住小区产生的交通也与第一节里总结的一样，交通类型有三种，发生在内部的交通行为包括步行和车行（机动车和非机动车）两大类，若按其交通状态可分为动态交通和静态交通两类。小区的道路交通规划旨在合理组织动态交通，恰当安排静态交通，为居民创造便捷、流畅、方便的交通环境，安全、安宁与舒适的居住环境。

（一）动态交通的组织

动态交通组织就是合理、有效、协调地处理人流和车流与交通目的地的关系及人流与车流的关系，并合理组织人与车的流动。不同的交通组织方式将影响到小区结构和道路布局，一般来说，影响到小区结构和道路系统的交通组织方式是人行与车行的关系，也即人车分行和人车混行。

1. 人车分行

人车分行交通方式的提出，源于20世纪早期汽车的大量使用和汽车进入家庭后，所显现出的汽车尾气造成的空气污染、噪声、交通安全隐患增加、对宁静和安全的居住环境的干扰等矛盾，为了避免将大量的家用汽车引入住区，这个时期许多住宅区的建设采用将汽车道路不引入内部的方法，以保证居住环境内部有安全、宁静、舒适和随意的游戏场所和活动设施。随着佩里的邻里单位理论的提出，人车分行有了理论依据，同时在当时的发达地区得到广泛认可和应用。如建于1954～1957年的瑞典巴罗巴格纳小区（见图5-1），采取的就是内部人行，外围行车与停车。美国帕克拉法耶特居住区，也采取了人车分行的方式（见图5-2）。

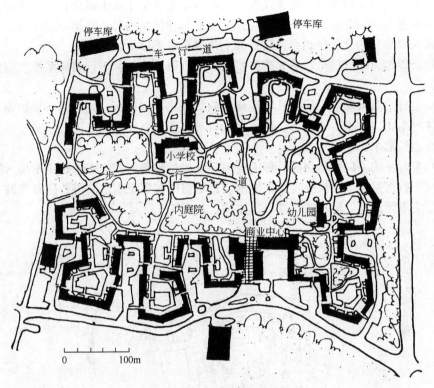

图 5-1 瑞典巴罗巴格纳小区

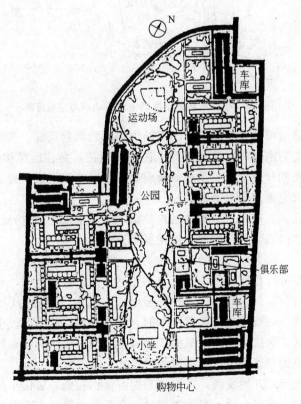

图 5-2 美国帕克拉法耶特居住区

近年来，随着我国经济的快速发展，家用汽车拥有量正在大幅增长，住区的建设也从单纯地考虑道路布局发展到研究住区交通及交通与住区结构和道路结构的关系。

住区人车分行的交通组织在道路布局上须遵循以下原则。

（1）必须组织人行与车行两套道路系统，人行道路系统和车行道路系统在空间上应各自独立；

（2）人行交通系统应与居民日常生活设施、绿化休闲场所、儿童游乐设施等户外活动空间及住宅组团、邻里生活院落、住宅出入口等相连，也就是把居民日常户外活动场所用步行系统连接起来；

（3）车行系统不应穿越住区，可沿外围设置成尽端路形式，并连接停车场（库）；

（4）车行道路要分级设置，可采取围绕住宅组团和邻里生活院落外围布置的方式，便于到达住宅单元入口，但不能干扰居民生活，如图5-3所示。

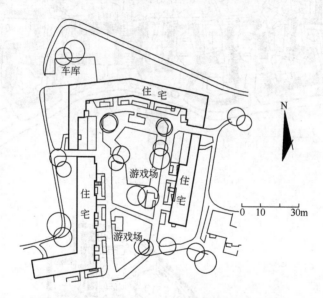

图5-3　巴罗巴格纳小区的宅前活动场与宅后停车

人车分行的交通组织方式，使住区的道路网络成为两套系统，步行交通系统与居民的日常生活活动关系尤为密切，在空间布局上占主导地位，是住区结构构成的主体。反之，车行交通系统与居民的日常生活关系相对薄弱，在小区结构构成中处于辅助地位。但无论是哪种类型都要系统完善、层次清晰。

人车分行的方式，能更好地组织住区户外活动空间系统，使户外活动场所更安全、更随意、更舒适，把"以人为本"的理念体现得更充分。

2. 人车混行

人车混行与人车分行相反，是将人流与车流纳入同一道路空间，利用划分人行道和车行道的方法解决人行与车行的问题。这种交通组织方式的应用较为广泛，道路骨架清晰、布局简洁，比较经济。一般适用于家用汽车拥有量不高的居住小区。也有人认为在每户都拥有汽车的居住小区，居民生活对汽车的依赖程度增加，代步的频率加大，人车矛盾未升反降，为更好地提供到户服务，也可采取该种方式。

我国私人汽车近年才开始发展，人均汽车拥有量仍较低，居住小区交通以人流和自行车流为主、汽车为辅，道路交通一直采用的是一套系统，就是人车混行，这种方式在我国得到普遍运用，并且时间久远。该方式对各种交通类型的包容性较好，对交通量不大、经济不够发达的地区来说是一种经济、方便、实用的交通组织方式。

3. 人车分行与混行结合

与人车分行方式相同的是汽车不干扰居民的日常生活，与人车混行方式相同的是在小区空间层面汽车可以随意流动，该种方式就是人车混行与分行相结合的小区交通组织。

居住小区中人车混行与分行是按空间层次来划分的，一般在小区公共空间层面——也即小区级道路和组团级道路执行人车混行，车辆不进入半私密空间层面——也即组团或邻里生活院落，不干扰居民日常生活活动，以保证居民日常户外生活频率较高的环境安宁、安全和安静。由此小区道路保持了骨架清晰、布局简洁，停车贴近家庭的特点，同时也保证居民拥有安全、舒适的户外活动场所。

在进行居住小区规划时，道路系统的规划取决于交通的组织，上述三种类型各有优缺点，采用哪种形式应根据小区的具体情况，如居民的组成、空间特征、用地条件和地理环境等因素来确定。其目的就是处理好交通与居住生活、人与车、车与车、行车与停车、内部交通与外部交通之间的关系，达到和谐共处、生活舒适、安全、安宁的住区环境目标。

（二）静态交通的组织

静态交通是相对于车辆运行的动态来说的，即车辆的停泊。长期以来自行车在我国广大地区都是居民主要的交通工具，户均自行车的拥有量一度达到 2～3 辆，成为住区停车主要解决的对象。目前随着家用汽车在我国居民家庭中的普及，关于汽车的停泊成为是近十多年来我国住区规划中的新问题，解决的方法各有不同，从停车组织方面来分有集中式、分散式和集中分散相结合式；从停泊的空间位置来分有地面停车、地下停车、建筑底层停车和停车楼停车等方式。无论哪种停车方式，都要遵循靠近住户、不干扰居民生活、方便出行的布置原则。

二、居住小区的道路分类与分级

1. 分类

依据住区交通组织的要求，住区内的道路有步行路和车行路两种。在人车分行的路网中，车行路以解决机动车通行为主，兼有少量的非机动车和人行交通，步行路解决步行交通兼有散步等步行休闲活动和非机动车通行。在人车混行的路网中，机动车、非机动车和步行三种交通共用同一条道路，其中机动车和非机动车使用同一空间——即车行道；步行空间与之分开，形成专门的步行系统，并兼有散步休闲等功能。人车混行与分行相结合的路网中，一般小区级或组团级道路与人车混行方式一致，组团或邻里生活院落内的道路按步行道路设计，但应考虑服务性车辆的进出需求。

2. 分级

道路的级别划分与居住小区的居住层级保持一致，分为小区级、组团级和邻里生活院落级三个层次。小区级道路承担划分住宅组团、组织小区交通和公共生活活动空间的功能；组团级道路就是住宅组团内部的道路，起到连接小区和邻里生活院落的作用；邻里生活院落级的道路是指从组团层面进入到邻里生活院落空间内部包括住宅院落、宅间的道路。

对于道路分级，人车分行式道路各层级之间只有空间区位的不同，层级区分不明显，人行流动的连续性要求较强，道路宽度、设计方法上的区别较小。人车混行式道路分级清晰，各层级道路由于交通量的差异，道路层级由高到低，断面由宽变窄，其设计方法和绿化方式也有所差异，区别在于越靠近住户的道路形式也要越生活化、休闲化。

三、道路的规划设计

（一）规划设计的原则

住区要为居民提供方便、安全、舒适和优美的居住生活环境，道路规划设计在很大程度上影响到居民出行方便和安全，因而，对此提出了应遵循的基本原则。

（1）实事求是，因地制宜。影响居住小区交通组织的因素是多方面的，而其中主要的是居住小区的居住人口规模、规划布局形式、用地周围的交通条件、居民出行的方式与行为轨迹和本地区的地理气候条件，以及城市交通系统特征、交通设施发展水平等。在确定道路网的规划中，应避免不顾当地的客观条件，主观地画定不切实际的图形或机械套用某种模式。

（2）顺而不穿，保持居住小区空间的完整和居民生活的安定。居住小区内的道路要求道路的线型尽可能顺畅，但内外联系道路要通而不畅以避免过境车辆穿越小区；道路结构要符合交通要求、结构简明又要有利于住宅组团的布局，道路网应该是在满足交通功能的前提下，尽可能地用最低限度的道路长度和道路用地。

（3）分级布置，相互衔接。随着国民经济的发展，改善城市生活环境已成为大家日益关注的课题。深受交通车祸、环境污染及噪声干扰之苦的人们，都渴望有个安全、安宁的居住生活环境。对小区和组团，建议采用隔而不断的"入口"模式，以形成一种象征性的界线，给外部车辆及行人以心理上的障碍，从而最大限度地保障小区内部交通的安全及居住环境的安宁。

（4）均匀分布，整合空间。居住小区内部道路担负着划分地块及联系不同功能用地的双重职能，同时还要综合考虑居住小区内各项建筑及设施的布置要求，以使路网分割的各个地块能合理地安排下不同功能要求的建设内容。良好的道路骨架，不仅能为各种设施的合理安排提供适宜的地块，也可为建筑物、公共绿地等的布置及创造有特色的环境空间提供有利条件。

（5）避免影响城市交通。居住小区居民产生的交通可能对周边城市交通带来不利的影响，避免在城市的主干道上设出入口或控制出入口的数量、位置，不得将出入口开在道路交叉口处。

（6）道路布局综合考虑日照通风、防灾救灾和工程管线的要求。道路是通风的走廊，合理的道路骨架有利于创造良好的居住卫生环境。在地震烈度不低于六度的地区要考虑防灾救灾的要求，居住小区内道路规划必须保证有通畅的疏散通道，在抗震设防城市的并在因地震诱发的如电气火灾、水管破裂、煤气泄漏等次生灾害时，能保证消防、救护、工程救险等车辆的出入。道路骨架基本上能决定市政管线系统的形成，完善的道路系统不仅利于市政管线的布置，而且能简化管线结构和缩短管线长度。

（二）道路设计的一般问题

1. 道路的横断面设计

城市各级道路的宽度，是依据交通方式、交通工具、交通量和地下市政管线的敷设来确定的，对于重要地段，还要考虑环境和景观的要求作局部调整。居住小区内道路宽度考虑的因素相对单纯一些，主要涉及到行人、非机动车和机动车的交通量。

居住小区道路是内外联系的主要渠道，对于人车混行方式，车行道宽度为6～9m，两侧各安排宽度为1.5～2.5m的人行路，总宽度为9～14m，即可满足一般功能需要（见图

5-4)。同时，小区级道路往往又是市政管线埋设的通道，需敷设供热管线的住区，建筑控制线之间最小宽度为14m。

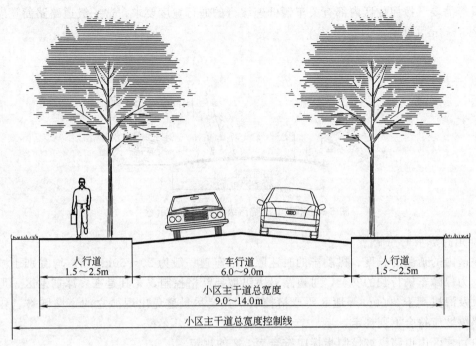

图 5-4　小区级道路横断面示意图

组团级道路是进出组团的主要通道，路面一般人车混行，宽度按一条自行车道和一条人行带双向计算，或机动车相遇时一辆停靠另一辆通行的方式，路面宽度为3~5m。组团级道路人行道可单侧设置或不设置，其总宽度在5~10m之间（见图5-5），需敷设供热管线的不宜小于10m。

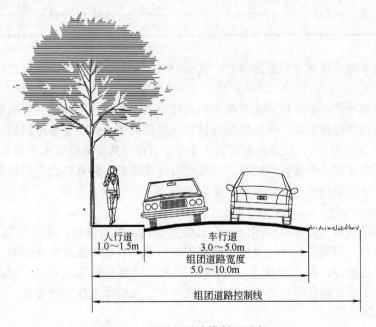

图 5-5　组团级道路横断面示意

邻里生活院落级的道路包括住宅院落、宅间的道路，为进出住宅的最末一级道路，这一级道路平时主要供居民出入，基本是自行车及人行交通，并要满足清运垃圾、救护和搬运家具等需要。按照住区内部有关车辆低速缓行的通行宽度要求，这一级道路路面宽度一般为 2.5～3m（见图 5-6）。

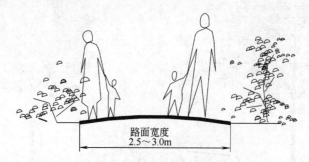

路面宽度
2.5～3.0m

图 5-6　邻里生活院落级道路横断面示意

2. 道路纵坡的控制

住区内的道路的长度、机动车的时速限制（车速一般为 20～30km/h）均有别于城市道路，为保障车辆行驶的安全，对道路最大纵坡要严格控制，尤其是在多冰雪地区、地形起伏大及海拔高于 3000m 等地区要严格控制，并要尽量避免出现孤立的道路陡坡。住区内道路纵坡应符合下列规定。

（1）住区内道路纵坡控制指标应符合表 5-2 的规定。

表 5-2　住区内道路纵坡控制指标/％

道路类别	最小纵坡	最大纵坡	多雪严寒地区最大纵坡
机动车道	≥0.2	≤8.0 L≤200m	≤5.0 L≤600m
非机动车道	≥0.2	≤3.0 L≤50m	≤2.0 L≤100m
步行道	≥0.2	≤8.0	≤4.0

注：L 为坡长，m。

（2）机动车与非机动车混行的道路，其纵坡按非机动车道要求，或分段按非机动车道要求控制。

（3）关于道路最小纵坡值，从驾驶车辆角度出发，道路愈平愈好，但纵坡的最低限还必须保证顺利地排除地面水。不同的路面材料所适用的最小纵坡也是不同的：水泥及沥青混凝土路面不小于 0.3％，整齐块石路面不小于 0.4％，其他路面不小于 0.5％。

（4）对于山区和丘陵地区的道路系统规划设计应注意：路网格式应因地制宜；宜设置人车分行式；主要道路要平缓，合理安排会车位。

3. 道路绿化种植

道路绿化是道路的重要组成部分，可起到为行人、车辆遮荫，美化街景，保护路基，防尘降噪的作用。绿化形式有行道树、绿篱和花坛等，行道树是最常见的形式。行道树一般种植于人行道边沿，距道牙线 1～1.5m 的距离，宜选择树冠直径 8～12m、落叶的乔木。绿篱、花坛等应结合路边的建筑功能、出入口、人们休闲活动的节奏、需求等内容布置与设计（见图 5-7）。

4. 设计特色鲜明的住区道路

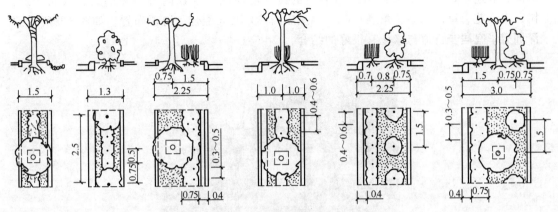

图 5-7　道路绿化的形式

机动车在住区内道路上行驶相比较在城市道路上行驶来说，对速度要求相对较低，住区内的人行交通也不同于城市道路上的人行道，有浓郁的休闲、游憩氛围，因此住区道路设计应充分考虑这种特点。

（1）车行道路设计除了满足车辆行驶以外，在降低车速方面，应起到对司机的心理暗示作用，路面不要太宽，线型可以弯曲，地面可利用减速设施划分（见图 5-8）。在未实行人车分流的住区，为了交通管理可设组装式路障，即可管理居民日常的通勤车辆，又可以方便服务性车辆通过。

图 5-8　深圳硅谷别墅的道路划分

（2）住区的人行道路既是居民的步行交通的通道，又是居民日常散步、休憩、儿童玩耍的场所，比城市道路中的人行道功能要丰富。居住小区内的人行道由小区层面开始一直通到住宅单元门口，经过多个不同层面的空间，在不同空间层面，人行道路系统组织的户外活动各有差异，因此，设计步行道时要视其在住区中的位置不同采用不同的设计方式。

居住小区层面的步行道，一般都会将出入口与中心连接起来，成为居民日常休闲、游憩、出行、甚至于集会等活动的场所，同时也是小区文化、社区精神、住区景观等主要集中反映的地段，步行交通的组织与通道的设计应与以上活动内容所需的设施（如建筑、树、木、花、草、水系、景观小品、休息座椅等）共同配合、协调布置。如图 5-9 所示的深圳碧华庭居步行道与绿化有很好的结合。

图 5-9　深圳碧华庭居的步行道

组团及组团以下层面的步行道，在功能作用方面远不及小区级的步行道，在设计时一方面要解决小区与以下层级空间连续的有机性，另一方面要使小区绿化、景观等通过步行道向组团和邻里生活院落环境渗透。

对于邻里生活院落内及宅间道路的设计，除要考虑满足居民步行活动频繁、形式多样的需求以外，还要能满足机动车（服务性车辆）的出行，其道路宽度、铺装方式等都要适宜。

（三）其他相关规定

（1）小区主要道路至少应有两个出入口，为的是不使小区级道路呈尽端式格局，以保证消防、救灾、疏散等的可靠性。

（2）机动车道对外出入口间距不应小于 150m。沿街建筑物长度超过 150m 时，应设 4m×4m 的消防通道。人行出入口间距不宜超过 80m，当建筑物超 80m 时，应在底层加设人行通道，该通道可以设在建筑底层。

（3）居住小区以上级别的道路相接时，其交角不宜小于 75°。

（4）住区内尽端式道路的长度不宜大于 120m，并应在尽端设不小于 12m×12m 的回车场。

（5）当住区内用地坡度大于 8% 时，应附以梯形步道解决竖向交通，并宜在梯步旁附设推行自行车的坡道。

（6）应设置为残疾人通行的无障碍通道。通行轮椅的坡道宽度不应小于 2.5m，纵坡不应大于 2.5%。

（7）住区内道路边缘至建筑物、构筑物的最小距离，应符合表 5-3 的规定。

表 5-3　道路边缘至建筑物、构筑物的最小距离/m

与建筑物、构筑物关系			居住区道路	小区路	组团路及宅间小路
建筑物、构筑物面向道路	无出入口	高层	5.0	3.0	2.0
		多层	3.0	3.0	2.0
	有出入口		—	5.0	2.5
建筑物、构筑物山墙面向道路		高层	4.0	2.0	1.5
		多层	2.0	2.0	1.5
围墙面向道路			1.5	1.5	1.5

注：1. 居住区道路的边缘指红线；小区路、组团路及宅间小路的边缘指路面边线。
2. 当小区路设有人行便道时，其道路边缘指便道边线。

（8）在多雪严寒的山坡地区，住区内道路路面应考虑防滑措施；对于地震设防地区，住区主要道路，宜采取柔性路面。

第三节　停车场规划设计

住区车辆停放包括机动车、非机动车两大类。近年来，我国居民小汽车的拥有比例提高得很快，住区内居民小汽车的停放已成为普遍问题。停车场的布局对住区的整体结构产生影响，车辆停放方式与居住环境的质量直接相关。停车场的规划设计不仅考虑停车场布局、停车方式的选择，还要从交通的组织和管理入手把动态交通、静态交通与创建和谐的居住环境协调考虑。

一、车辆停放的组织与管理

从本章第一节的阐述可以知道，对住区交通影响最重要的是机动车。因此，为营造宁静、舒适和温馨的居住环境，加强机动车的组织和管理是十分必要的。住区机动车主要有居民通勤车、出租汽车、个体运输机动车和外来服务性车辆，居民小汽车的日益增长成为住区内部停车的一个重要问题。非机动车停放的得当与否，关乎居民使用的方便程度，也影响到车辆是否能按要求停放，不占交通通道。

住区车辆停放的组织以方便使用、不干扰居民生活、出入便捷和合理占地为原则，停放方式一般可采用室内停放、室外停放、场地停放和道路停放等多种方式，从管理来看一般有集中和分散两种基本方式。

住区人车分流式的交通组织，更好组织机动车集中停放；人车混行式的交通组织较易产生机动车的分散式停放。机动车集中停放，有利于居住环境的营造和机动车的管理。

非机动车集中停放，有利于管理，相对来说更能保证车辆安全，使居住环境整洁。但是，由于停车设施的管理需要有一定的资金来维持，可能会使其服务半径加大，使用不方便而造成车辆的随意停放。非机动车分散停放，可以让车辆的停放贴近住户，方便居民使用，但可能会使车辆随意停放在住宅入口处和住宅楼道里，这样停放一方面会破坏居民的生活环境，另一方面还会造成车辆丢失。

二、停车场的布置

（一）非机动车停车场的布置

非机动车主要是指自行车，停放时，每辆车的占地面积较小，具体的停放形式灵活多样，其停车设施规模也相对较小，因而在规划布局中具有更大的灵活性。为能让居民愿意停放，又能合理管理，服务半径可控制在100m以内，最好不超过80m为宜，在分析拥有量的基础上，按合理规模，采取小集中、大分散的停放方式。一般以住宅组团或邻里生活院落为单位来安排自行车的停放设施。

（二）机动车停车场（库）的布置

机动车停车场（库）的布局应考虑使用方便，服务半径不宜超过150m。通勤车、出租汽车及个体运输机动车等的停放位置一般安排在居住小区或组团出入口附近，以维持小区或组团内部的安全及安宁。

住区的集中停车一般采用建设单层或多层停车库的方式，往往设于住区的主要行车出入口或住区中心的地下，以方便停放、限制外来车辆进入，并有利于减少住区内汽车通行、减少空气污染和噪声污染、保证区内或住宅群内的安静和安全。采用立体方式，对于节约用地具有明显作用。《城市居住区规划设计规范》对地面停车率的控制主要是出于对地面环境的考虑，控制地面停车数量，提出地面停车率不宜超过10%的控制指标，停车率高于10%时，其余部分可采用地下、半地下停车或多层停车库等方式。

三、停车场的设计

（一）自行车停车场

1. 设计的有关数据

（1）自行车的尺寸 目前我国生产的自行车种类、型号较多，主要按车轮圈径大小定型，有28in、26in、24in和20in等（1in＝0.0254m）。国产自行车的主要尺寸见表5-4。设计自行车停车场时，多以28in为标准。

表 5-4 国产自行车的主要尺寸

种类	车长/mm	车高/mm	车宽/mm
28in	1940	1150	
26in	1820	1000	520～600
20in	1470	1000	

（2）停车方式及停车带和通道宽度 自行车的停放方式，多垂直停放和成角度斜放，参见图5-10。按场地条件可单排或双排排列，垂直停放为最常见。

停车带之间通道的宽度，按取车人推车行走时所需宽度的倍数而定。停车带宽度则与停车方式有关，停车带通道宽度的确定参见表5-5。

估算自行车停车场用地面积时，可按每辆车占地（包括通道）1.4～1.8m² 计算。

2. 简易自行车棚

这种车棚，多出现于住区在规划时未考虑自行车存放位置，后来临时增加的现象，或低标准建设的结果，容易施工，大小随意，占地灵活，可放置于住区的边角地段，给自行车提供一个免受日晒雨淋的存放场所，其形式如图5-11所示。该种类型存在着安全性差、

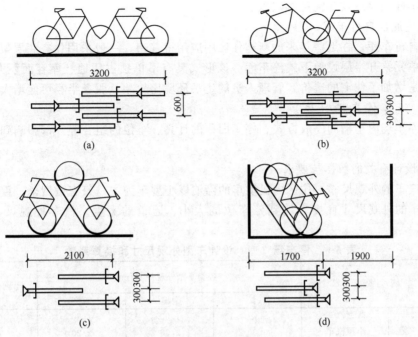

图 5-10　自行车的一般停放方式

表 5-5　自行车停车场主要设计指标

停车方式		停车带宽/m		车辆横向间距/m	通道宽度/m		单位停车面积/m²			
		单排	双排		单排	双排	单排一	单排两	双排一	双排两
斜列式	30°	1.00	1.60	0.50	1.20	2.0	2.20	2.00	2.00	1.80
	45°	1.40	2.26	0.50	1.20	2.0	1.84	1.70	1.65	1.51
	60°	1.70	2.77	0.50	1.50	2.6	1.85	1.73	1.67	1.55
垂直式		2.00	3.20	0.60	1.50	2.6	2.10	1.98	1.86	1.74

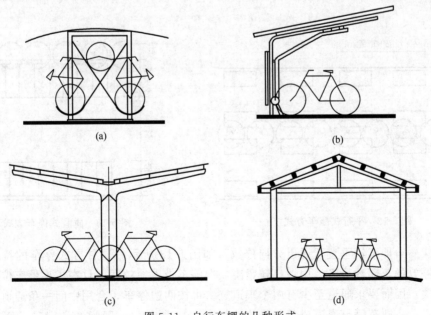

图 5-11　自行车棚的几种形式

景观效果不佳及存放秩序混乱等缺点。

3. 住宅底层自行车库

这种自行车库，在近些年来的新建住区中应用很普遍，一般采用住宅底层架空，或利用地形和单元错开半层设地下式停车库。该形式具有不单独占用地、库容面积大等优点，不足之处是增加了住宅的造价，管理人员的生活环境比较差，服务半径可能增大等。

（二）汽车停车场（库）

汽车停车场内车辆的停放方式、停车面积的计算、车位的组合等，都影响到停车场的设计。

1. 与设计有关的数据与要求

（1）汽车的外观尺寸　住区内机动车的停泊以小型车为主，兼有微型车、重型车和大型车，汽车的外观尺寸直接影响到停车位的大小、通道的宽度。汽车外观尺寸详见表5-6。

表5-6　停车场（库）设计车型外观尺寸和换算系数

车辆类型		各类车型外观尺寸/m			车辆换算系数
		总长	总宽	总高	
机动车	微型汽车	3.2	1.60	1.80	0.70
	小型汽车	5.00	2.00	2.20	1.00
	中型汽车	8.70	2.50	4.00	2.00
	大型汽车	12.00	2.50	4.00	2.50
	铰接车	18.00	2.50	4.00	3.50

注：1. 三轮摩托车可按微型汽车尺寸计算。

2. 车辆换算系数是按面积换算。

（2）停车方式及停车带和通道宽度　车辆的停放方式按其与通道的关系可分为三种类型，即平行式、垂直式和倾斜式。

平行式——即车辆平行于通道方向停放，如图5-12所示。这种方式的特点是所需停车带较窄，车辆驶出方便、迅速，但占地最长，单位长度内停放的车辆较少，较适宜于路边停车。

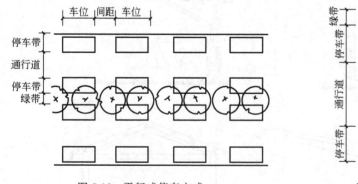

图5-12　平行式停车方式

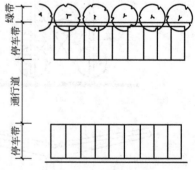

图5-13　垂直式停车方式

垂直式——即车辆垂直于通道方向停放，如图5-13所示。这种方式停车的特点是单位长度内停放的车辆数最多，用地比较紧凑，但停车带占地较宽，且在进出停车位时，需要倒车一次，因而要求通道至少有两个车道宽。可按两边停车，合用中间一条通道。

倾斜式——即车辆与通道成角度停放，如图5-14所示。一般为30°、45°、60°三种角

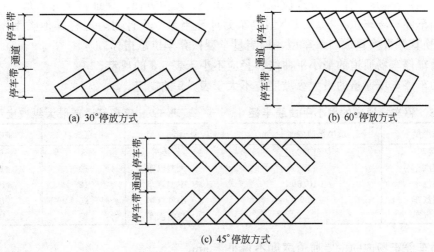

(a) 30°停放方式　　　　　　　(b) 60°停放方式

(c) 45°停放方式

图 5-14　倾斜式停车方式

度停放。特点是停车带随车身长度不同而异，适宜于场地受限制时采用。这种方式车辆出入及停车均方便，故有利于迅速停置和疏散。其缺点是停车位面积较以上两种方式要多，用地较浪费，需要合理解决三角块用地的使用。

停车带宽（长）度、通道宽度及单位停车面积的换算见表 5-7 的规定。

表 5-7　机动车停车场设计系数

停车方式		垂直通道方向的停车带宽/m					平行通道方向的停车带长/m				
		I	II	III	IV	V	I	II	III	IV	V
平行式	前进停车	2.6	2.8	3.5	3.5	3.5	5.2	7.0	12.7	16.0	22.0
倾斜式	30° 前进停车	3.2	4.2	6.4	8.0	11.0	5.2	5.6	7.0	7.0	7.0
	45° 前进停车	3.9	5.2	8.1	10.4	14.7	3.7	4.0	4.9	4.9	4.9
	60° 前进停车	4.3	5.9	9.3	12.1	17.3	3.0	3.2	4.0	4.0	4.0
	60° 后退停车	4.3	5.9	9.3	12.1	17.3	3.0	3.2	4.0	4.0	4.0
垂直式	前进停车	4.2	6.0	9.7	13.0	19.0	2.6	2.8	3.5	3.5	3.5
	后退停车	4.2	6.0	9.7	13.0	19.0	2.6	2.8	3.5	3.5	3.5

停车方式		通道宽/m					单位停车面积/m²				
		I	II	III	IV	V	I	II	III	IV	V
平行式	前进停车	3.0	4.0	4.5	4.5	5.0	21.3	33.6	73.0	92.0	132.0
倾斜式	30° 前进停车	3.0	4.0	5.0	5.8	6.0	24.4	34.7	62.3	76.1	78.0
	45° 前进停车	3.0	4.0	6.0	6.0	7.0	20.0	28.8	54.4	67.5	89.2
	60° 前进停车	4.0	5.0	8.0	9.5	10.0	18.9	26.9	53.2	67.4	89.2
	60° 后退停车	3.5	4.5	6.5	7.3	8.0	18.2	26.1	50.2	62.9	85.2
垂直式	前进停车	6.0	9.5	10.0	13.0	19.0	18.7	30.1	51.5	68.3	99.8
	后退停车	4.2	6.0	9.7	13.0	19.0	16.4	25.2	50.8	68.3	99.8

注：表中 I 类指微型汽车，II 类指小型汽车，III 类指中型汽车，IV 类指大型汽车，V 类指铰接车。

（3）相关要求　停车场的出入口应有良好的视野，出入口距人行天桥、地道和桥梁、隧道引道须大于 50m，距离交叉口须大于 80m。

停车场车位指标大于 50 个时，出入口不得少于 2 个；大于 500 个时，出入口不得少于 3 个。出入口之间的净距须大于 10m，出入口宽度不得小于 7m。

机动车停车场内的停车方式应以占地面积小、疏散方便、保证安全为原则。

机动车停车场车位指标,以小型汽车为计算当量。设计时,应将其他类型车辆按表5-6所列换算系数换算成当量车型,以当量车型核算车位总指标。

机动车停车场通道的最小平曲线半径应不小于表5-8的规定。

机动车停车场通道的最大纵坡度应不大于表5-9的规定。

<table>
<tr><td colspan="2">表 5-8　停车场通道的最小平曲线半径</td></tr>
<tr><td>车辆类型</td><td>最小平曲线半径/m</td></tr>
<tr><td>铰接车</td><td>13.00</td></tr>
<tr><td>大型汽车</td><td>13.00</td></tr>
<tr><td>中型汽车</td><td>10.50</td></tr>
<tr><td>小型汽车</td><td>7.00</td></tr>
<tr><td>微型汽车</td><td>7.00</td></tr>
</table>

表 5-8　停车场通道的最小平曲线半径

车辆类型	最小平曲线半径/m
铰接车	13.00
大型汽车	13.00
中型汽车	10.50
小型汽车	7.00
微型汽车	7.00

表 5-9　停车场通道最大纵坡度/%

车辆类型	直线	曲线
铰接车	8	6
大型汽车	10	8
中型汽车	12	10
小型汽车	15	12
微型汽车	15	12

机动车停车场内的主要通道宽度不得小于6m。

停车库的净高是汽车高度兼通行安全高度,一般为:小型车不小于2.2m,中型车不小于2.8m。

停车场内交通路线必须明确,宜采用单向行驶路线,避免相互交叉,最好与进出口行驶方向一致。

2. 地面停车场

地面停车是一种最常见也最便捷的停车形式,可根据住区交通的组织、道路系统和住宅系统的布局,利用路边、组团之间、宅间等零星的边角地段,布置形式灵活、多样的地面停车场。这里所说的地面停车场主要是指与道路所毗连而又在道路以外的专用场地,图5-15所示为一般常见的三种形式。地面停车场在布置时应注意处理好车辆出入与人行的关系;车辆出入的组织与相毗连的道路交通方向一致;停车场内车辆应采用单向行驶路线。

3. 多层停车库

多层停车库按车辆进库就位的不同情况,可分为坡道式车库和机械化车库两类。坡道式车库又可划分为下列四种类型。

(1)直坡道式车库　如图5-16(a)所示,这类车库由水平停车楼面组成,每层间用直坡道相连,这些坡道可设在库内或库外,这类车库的布局简单整齐,交通路线比较明确,但用地不够经济,每车位占用面积则较多。

(2)错层式车库(即半坡道式车库)　如图5-16(b)所示,这类车库是直坡道式车库的发展,至少要由两个停车段组成,而且相错半层,用短坡道相连。因坡道长度缩短,坡度也允许陡些。这类车库每车位占用面积较少,用地较经济,若两错层间局部重叠用地更省。但交通线对部分车位有些干扰,外立面呈错层形式。

(3)螺旋坡道式车库　如图5-16(c)所示,这类车库与直坡道式车库相似,层间用圆形坡道联系(即螺旋式),坡道可设单行或双行(双行时上行在外,下行在内)。这类车库布局也比较简单整齐,交通路线明确,上下行坡道干扰少,车速较快。但螺旋式坡道造价较高,用地同样不够经济,每车位占用面积较多。

(4)斜坡楼板式车库　如图5-16(d)所示,这类车库由坡度很缓的连续倾斜停车楼面组成,通道同时也是坡道,无需再设专门的单独坡道,所以每车位占用面积比较少。但交通路线较长,对车位有干扰,外立面随楼板结构呈连续斜面。

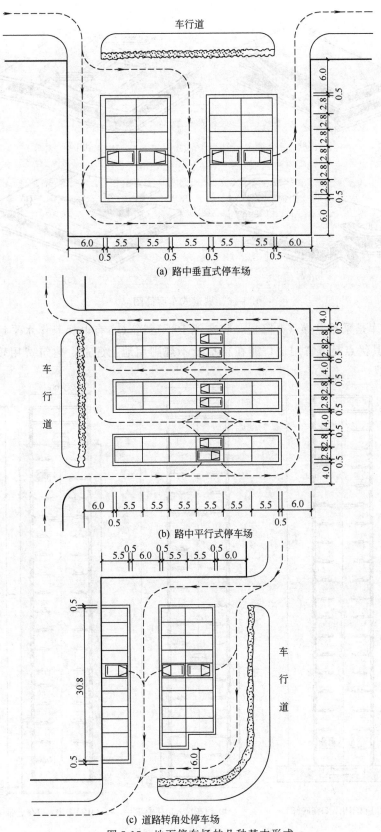

(a) 路中垂直式停车场

(b) 路中平行式停车场

(c) 道路转角处停车场

图 5-15 地面停车场的几种基本形式

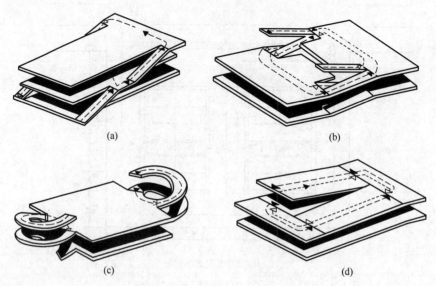

(a)   (b)

(c)   (d)

图 5-16　坡道式车库简图

机械化车库是采用电梯（升降机）将车辆上下运送（亦有电梯兼作水平运行的）。如图5-17所示。其优点是节省用地，能在狭窄或不规则用地上建造，建筑费用较低。不过，

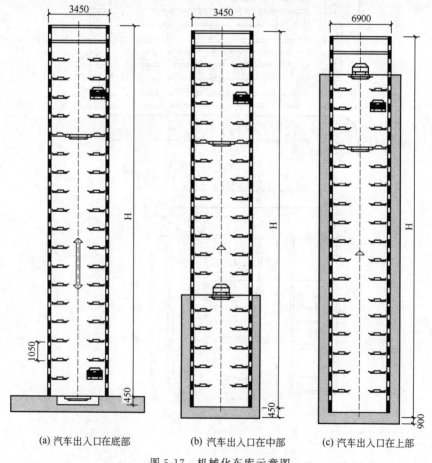

(a) 汽车出入口在底部　　　(b) 汽车出入口在中部　　　(c) 汽车出入口在上部

图 5-17　机械化车库示意图

这种车库使用效率往往受出入口限制，每车所占用的总平均面积与坡道式车库所占面积几乎相同，且机械设备费用也较贵，故不能体现其优越性。

第四节　无障碍设计

无障碍设计是指为了保障残疾人、老年人、儿童及其他行动不便者在居住、出行、工作、休闲娱乐和参加其他社会活动时，能够自主、安全、方便地通行和使用所建设的物质环境。

一、无障碍设计的由来与发展

20 世纪初，由于人道主义的呼唤，建筑学界产生了一种新的建筑设计方法——无障碍设计。它运用现代技术建设和改造环境，为广大残疾人提供行动方便和安全空间，创造一个"平等、参与"的环境。国际上对于物质环境无障碍的研究可以追溯到 20 世纪 30 年代初，当时在瑞典、丹麦等国家就建有专供残疾人使用的设施。1961 年，美国制定了世界上第一个《无障碍标准》。此后，英国、加拿大、日本等几十个国家和地区相继制定了有关法规。

二、我国无障碍设施的建设与发展状况

（一）无障碍设施的基本情况

我国无障碍设施的建设是从无障碍设计规范的提出与制定开始的。1985 年 3 月，在"残疾人与社会环境研讨会"上，中国残疾人福利基金会、北京市残疾人协会、北京市建筑设计研究院联合发出了"为残疾人创造便利的生活环境"的倡议。北京市政府决定将西单至西四等四条街道作为无障碍改造试点。1985 年 4 月，在全国人大六届三次会议和全国政协六届三次会议上，部分人大代表、政协委员提交了："在建筑设计规范和市政设计规范中考虑残疾人需要的特殊设置"的建议和提案。1986 年 7 月，建设部、民政部、中国残疾人福利基金会共同编制了我国第一部《方便残疾人使用的城市道路和建筑物设计规范（试行）》（JGJ 50—88），于 1989 年 4 月 1 日颁布实施。

十多年来，随着经济发展和社会进步，我国的无障碍设施建设取得了一定的成绩，北京、上海、天津、广州、深圳、沈阳、青岛等大中城市比较突出。在城市道路中，为方便盲人行走修建了盲道，为方便乘轮椅的残疾人修建了缘石坡道。建筑物方面，大型公共建筑中修建了许多方便乘轮椅残疾人和老年人从室外进入到室内的坡道，以及方便使用的无障碍设施（楼梯、电梯、电话、洗手间、扶手、轮椅位、客房等）。尽管无障碍设计得到了社会各界的广泛认同，但总的来看，设计规范没有得到较好执行，同残疾人的需求及发达国家和地区的情况相比，我国的无障碍设施建设还较为落后，有较大差距。

（二）有关无障碍设施建设的法规、政策

1990 年 12 月全国人大常委会颁布的《中华人民共和国残疾人保障法》规定："国家和社会逐步实行方便残疾人的城市道路和建筑物设计规范，采取无障碍措施。"国务院批准执行的中国残疾人事业的五年工作纲要和"八五"、"九五"、"十五"计划纲要，也都规定了建设无障碍设施的任务与措施。1998 年 4 月，建设部发出《关于做好城市无障碍设施建设的通知》，主要内容是有关部门应加强城市道路、大型公共建筑、居住区等建设的

无障碍规划、设计审查和审批后管理、监督。1998 年 6 月，建设部、民政部、中国残联联合发布"关于贯彻实施《方便残疾人使用的城市道路和建筑物设计规范》的若干补充规定的通知"，主要内容是切实有效加强工程审批管理，严格把好工程验收关，公共建筑和公共设施的入口、室内，新建、在建高层住宅，新建道路和立体交叉中的人行道，各道路路口、单位门口，人行天桥和人行地道，居住小区等均应进行有关无障碍设计。在《方便残疾人使用的城市道路和建筑物设计规范（试行）》(JGJ 50—88) 的基础上制定的《城市道路和建筑物无障碍设计规范》于 2001 年 8 月 1 日起正式实施。

三、无障碍设计的主要内容

（一）加强无障碍环境建设的意义

一个坡道，既可使残疾人走出家门，又方便其他公民；影视字幕，既可使聋人走出无声世界，又利于社会信息传递……。无障碍环境，是残疾人走出家门、参与社会生活的基本条件，也是方便老年人、妇女儿童和其他社会成员的重要措施。同时它也直接影响着我国的城市形象与国际形象。加强无障碍环境建设，是物质文明和精神文明的集中体现，是社会进步的重要标志，对提高人的素质，培养全民公共道德意识，推动精神文明建设等也具有重要的社会意义。

（二）无障碍环境主要构成内容

无障碍环境包括物质环境、信息和交流的无障碍。

（1）物质环境无障碍主要是要求：城市道路、公共建筑物和居住区的规划设计、建设应方便残疾人通行和使用，如城市道路应满足坐轮椅者、拄拐杖者通行和方便视力残疾者通行，建筑物应考虑出入口、地面、电梯、扶手、厕所、房间、柜台等设置残疾人可使用的相应设施和方便残疾人通行等。

（2）信息和交流的无障碍主要是要求：公共传媒应使听力、言语和视力残疾者能够无障碍地获得信息，进行交流，如影视作品、电视节目的字幕和解说，电视手语，盲人有声读物等。

（三）住区无障碍设计的主要范围与要求

住区实施无障碍的范围主要是道路、绿地等。

无障碍设计要求是：设有路缘石的人行道，在各路口应设缘石坡道；主要公共服务设施地段的人行道应设盲道；公交候车站应设提示盲道；公园、小游园及儿童活动场的通路应符合轮椅通行要求，公园、小游园及儿童活动场通路的出入口应设提示盲道。

（四）无障碍设计的一般标准

目前，国际通用的无障碍设计标准大致有六个方面。

① 在一切公共建筑的出入口处设置取代台阶的坡道，其坡度应不大于 1/12；

② 在盲人经常出入处设置盲道，在十字路口设置利于盲人辨别方向的音响设施；

③ 门扇开启的净宽度要在 0.8m 以上，采用旋转门的需另设残疾人出入口；

④ 所有建筑物走廊的净空宽度应在 1.3m 以上；

⑤ 公厕应设有带扶手的座式便器，门隔断应做成外开式或推拉式，以保证内部空间便于轮椅进入；

⑥ 电梯的入口净宽均应在 0.8m 以上。

（五）建设无障碍设施的基本要求与规定

建设无障碍设施应当符合安全、可达、可用、便利的基本要求，并遵守下列规定。

① 步行道、公共建筑的地面平整、防滑；

② 铺设盲道保持连续，盲道上不得有电线杆、拉线、地下检查井、树木等障碍物，并与周边的公共交通停靠站、过街天桥、地下通道、公共建筑的无障碍设施相连接；

③ 步行道、公共建筑的出入口设置缘石坡道或者坡道；

④ 公共交通停靠站设置盲文站牌的，盲文站牌的位置、高度、颜色、形式和内容方便视力残疾者使用；

⑤ 为公众提供服务的区域或者场所设置服务台、电话的，同时设置低位服务台、低位电话；

⑥ 公共建筑的玻璃门、玻璃墙、楼梯口、电梯口、通道等处，设置警示性标志或者提示性设施；

⑦ 无障碍设施颜色鲜明，与周围环境有明显区别；

⑧ 有无障碍设施的，应在显著位置设置符合规范和标准的无障碍标志。

第六章

休闲活动与绿地、景观规划设计

第一节　休闲活动的内容与方式

一、休闲活动的形成与内容

在住区中，居民的各种生活行为形成了丰富的活动内容，不同年龄阶段、不同类型的居民都有属于自己特点的户外活动。

在忙完了一天、一周的工作、学习和家务后，居民们都喜欢在茶余饭后的闲暇时间里，走出家门，来到与大自然相连的各种外部空间环境中。大人们散散步、打打球，和邻居聊聊天，孩子们则会找来自己的小伙伴，一起打闹、玩耍、游戏，好好放松一下日常因紧张的工作和学习而紧绷的神经。这就是在住区环境中的各种休闲活动行为，这种在住区环境中的休闲活动，因为距居民的家庭距离较近，可以十分便捷地进行，能够十分有效地帮助缓解城市居民生活节奏的紧张和疲劳感。

在各种类型居民中，幼儿的认识能力有限，游戏是促进儿童全面发展的最好方式，因此儿童在居住环境中的休闲活动就是以各种游戏为主。一般儿童在3周岁以前不能独立活动，主要是由家长带领着，或怀抱着、或用童车推着、或在空地上引导幼儿学步，稍大点的儿童可在沙坑、草坪、广场上玩耍。4～6岁的幼儿，已具有一定的思维、辨别能力和求知欲，喜欢拍球、掘土、骑车、玩沙子、捉迷藏、相互追逐等。当儿童进入小学，已具备了对环境和人的认知能力，并有了一定的组织能力，他们的户外休闲活动多成组以某种游戏为主。这个阶段，男孩子喜欢踢小足球、探险、追逐打闹等，女孩子则喜欢结伴游戏等，活动量较大，活动内容为踢小足球、打羽毛球、探险、追逐打闹、玩轮滑、跳橡皮筋、玩扑克、演节目等。因此，儿童是住区中休闲活动内容最为丰富的人群之一。

而居民中的中学生和高年级的小学生，由于学习压力较大，所以户外休闲活动内容较少，主要以体育锻炼为主。

刚刚离开校门走上工作岗位的年轻人业余时间较多，家庭负担少，同学、同事之间经常聚会和往来，他们在住区中喜欢去热闹的场所进行体育活动或安静幽雅的空间交谈和聚会。结婚成家以后，孩子正处于幼儿时期，工作之外，孩子是生活的中心课题，他们常在下班后，带着孩子在住区中游玩、散步，或在户外休息与邻里交往。成年人的日常生活最忙碌，因此闲暇时间有限，他们在住区中的休闲活动多是利用傍晚茶余饭后的时间，在住区环境中的绿地、林阴道中散步锻炼或进行邻里间交谈，有时也利用周末空余时间有规律地进行体育锻炼和参加一些娱乐活动。

除了儿童以外，老年人离、退休后，多数居住在各自的家庭中，他们的日常闲暇时间十分充分，在住区中，更多的是各种社交和户外体育锻炼活动。在他们还能够身体力行的时候，多数老年人都喜欢来到户外呼吸新鲜空气、进行各种休闲活动。他们的户外活动均以体育锻炼和文化娱乐为主，并且多数是有规律进行的如社会交往、邻里间互相访问和聊天，养养花鸟鱼虫陶冶性情，或进行娱乐活动，如打扑克、下象棋、进行体育锻炼等。或者帮助儿女照看孙子孙女，带领儿童户外活动也是目前多数老年人的重要生活内容。

因此，作为居民生活家园的住区环境，应当为居住于其中的人们提供相适应的多种休闲娱乐场所和良好的环境，保障居民能够健康快乐地生活。

二、休闲活动的场所与环境

由于不同的居民休闲活动的内容有差异，所以，需求的场所与环境也有所不同。

儿童在0～3岁期间强烈地依恋家长，他们的活动一般距家庭所住的住宅楼较近，多在住宅单元入口附近玩耍，因此在进行住宅的入口设计时，应考虑适于游戏，并要求夏季有荫凉、冬季有日照，这就对单元入口的环境绿化提出了要求。稍大点的幼儿可以自己独立行动了，所以活动范围主要在所住住宅楼的宅前屋后和宅间庭院绿地内的场地中进行，同时应当有大人陪同照顾。4～6岁的儿童喜欢各种游戏，他们的各种户外活动多要借助于一定的游戏设施，并要求有一定的游戏场地进行，一般在住宅附近的小游园，特别是路旁小绿地进行，有时也在大人们的照顾下去距住宅较远的居住小区小游园进行。

中小学生喜欢体育锻炼，住区中的体育运动场地是他们的好去处，为了保证孩子们锻炼时有良好的环境，场地周边的绿化是非常必要而又有效的。

年轻人在住区中较注重活动和交谈的外部空间设施配备，如体育场地、休息座椅和一定的绿化围合环境，而对活动地点不太强求。成年人的业余休闲时间有限，他们要么在住宅庭院内或附近的场地进行活动，要么就是在住区中的集中绿地、林阴道和体育锻炼场地、文化娱乐设施中活动，而且其户外活动的时间多是有一定规律的。

住区中的老人也是户外休闲活动的常客，而且老人十分注重健康保健的问题，因此不仅要设置专门的老年人活动场地、园艺场地、体育锻炼设施和文化娱乐设施，老人们还要求在有良好的阳光、新鲜的空气、优美的绿化景观的户外环境中活动，所以保障老年人进行户外活动时能有良好的绿化环境也十分重要。

综上所述，由于居民各种户外休闲活动的需求，住区中不仅要提供各种相应的休闲活动场地和设施，而且许多活动场地就布置在住区的各种绿化用地中，与之相配的绿化环境和绿化景观，也是保障居民健康生活的必备条件。因此，系统地进行住区绿化环境的规划设计，为人们提供环境优美、卫生健康的居住生活场所，在住区规划设计中具有重要的意义。

第二节　公共绿地规划设计

一、居住小区公共绿地的功能与作用

（一）生态功能
1. 改善小气候

居住小区公共绿地可以改善住区内的小气候。绿化通过蒸发水分可以增加空气的相对

湿度，并吸收环境热量，从而降低炎热季节的气温。一般情况下，夏季树阴下比露天的空气温度要低 3~4℃，而草地上的空气温度比沥青地面要低 2~3℃。公园内部绿地上的气温比周围的气温低 1.8℃。因此公共绿地对于改善小气候十分有效。

2. 净化空气

绿色植物的光合作用可以消耗二氧化碳并释放出氧气，所以居住小区内的公共绿地对于净化空气十分重要。一般 $1hm^2$ 阔叶林每天可以放出氧气 0.73t，同时消耗二氧化碳 1t。如果成年人每天需要吸入氧气 0.75kg、呼出二氧化碳 0.9kg，那么城市中需要为每人提供绿地 $10m^2$。要满足这一指标要求，除了城市大公园和绿化带外，主要依靠均匀地分布在居住用地内的公共绿地来提供。

3. 杀菌防病

绿化还可以通过杀灭空气中的病菌，起到卫生防病的作用。空气中散布着各种细菌，公共场所含菌量更高，而许多植物的分泌物有杀菌作用，如树脂、香蕉水等能杀死葡萄杆菌。有测试表明，北京王府井大街比中山公园空气中的平均含菌量要多 7 倍，而一般城市马路空气中含菌量比公园多 5 倍。因此，可通过适宜的绿化种植来减弱居住环境中潜在的病菌威胁，提高公共卫生的安全性。

4. 防治污染

居住小区公共绿地还有助于防治空气中的污染。空气中含有二氧化硫、一氧化硫、臭氧等有害物质，绿化可以吸附这些有害物质，对于空气净化起重要的作用。例如在绿化覆盖率达 30% 的地段，春、夏、秋季植物生长期内，空气中总悬浮颗粒物下降 60%，二氧化硫含量下降 90% 以上。可见，在住区内设置一定的公共绿地，可以有效地防治空气污染。

（二）物理功能

1. 遮阳

绿化，尤其是落叶乔木，随四季更迭而生长变化，可以满足人们不同季节的居住要求，尤其是在夏季，遮阳、荫凉效果极佳。在住宅前面种植落叶乔木，夏季枝繁叶茂，可以遮住炎炎烈日，保证室内荫凉；冬季树叶落了，可使阳光不受遮挡进入室内，保证室内的日照要求。

住区内的行道树，宜选择枝长叶大的树种。夏天有枝叶的覆盖，街道上会比较凉爽。在东西朝向建筑的西侧，通过种植成排的高大落叶乔木可使居民减少西晒之苦。据统计，当绿化覆盖率达 30% 时，气温可下降 8%，覆盖率达 40% 时，气温可下降 10%。因此可以利用绿化生长季节性的特点，为改善住区环境服务。

2. 降低噪声

绿化可以成为降低噪声的屏障。灌木和乔木搭配密植可以形成一道绿篱声障，四季常青的针叶树，因为枝叶密集，减噪效果更为显著。据统计，一般情况下绿化可减弱噪声 20% 左右。种植两列行道树的街道，对街旁建筑的噪声干扰可减少 3.2dB，9m 宽的乔灌木混合绿化带可减少噪声 9dB。因此在噪声源周围可根据需要种植一定宽度的绿化带，当住宅沿大街布置时更为需要，以减少街道交通噪声对居民住宅的干扰。

3. 阻挡风尘

绿化树林的防风效果非常显著。当气流穿过树木时，受到阻截、摩擦和过筛，消耗了气流的能量，起到降低风速的作用。

绿化还能阻挡风沙、吸附尘埃。大面积的绿化覆盖，特别是草皮和灌木，对防止尘土飞扬十分有效。据测定距地面 1.5m 处空气的含尘量，经过绿化的街道比没有绿化的低 56.7%；铺草地的运动场比裸地运动场上的尘土少 2/3～5/6。1hm² 松柏林一年可吸滞粉尘 30 多吨。因此，在居住环境中提高绿化覆盖率，可以起到阻挡风尘的作用。

（三）心理功能

植物对人类有着一定的心理功能，而公共绿地更是给人以精神安慰的重要环境要素。研究表明，对人的心理领域产生影响的是可见光，其中，冷色光如绿色和蓝色光可使人感到安静、平和，而暖色光如红色和黄色光则容易使人兴奋。一般在城市中多为人工的建构筑物，它们多呈现为暖色光，使人镇静的绿色光和蓝色光较少，而绿地产生的是冷色光。因此，通过绿地的光线可以激发人们的生理活力，使人们在心理上感觉宁静。

绿色使人感到舒适，能调解人的神经系统，据研究，人们从自然环境中感受到的精神效应有 55%～85% 是有益反应。青草和树木的青、绿色能吸收强光中对眼睛有害的紫外线，对人的神经系统、大脑皮层和眼睛的视网膜比较适宜。大家都有这种体会，在建筑室内外布置花草树木茂盛的绿色空间，在长时间工作后休息眺望这里，就可使眼睛减轻和消除疲劳。因此，绿色植物是一种廉价且有效的舒缓人紧张神经的设备，千姿百态、五彩缤纷的树木花草能够给人们带来丰富多彩的心理功能。

（四）景观作用

俗话说"绿叶衬红花"，住区内的建筑必须与绿化配合才能形成优秀的居住整体环境。在住区绿地中，运用绿化植物的不同形状、颜色、用途和风格，因地制宜地配置一年四季色彩、形态变化丰富的各种乔木、灌木、花卉、草皮，提供给居民视觉和身心的多重享受。城市中用地紧张，不可能形成大面积的住区绿地。因此应合理地规划布局，配置好植物品种，结合建筑小品、公共服务设施，同时加强管理维护，做到以绿为主、常年有花、四季常青。绿化不仅要在平面中做到系统性，在条件适宜的地方，应提倡竖向绿化，包括屋顶绿化、阳台绿化和墙面绿化等。

构成住区绿地的主角是植物，在居住环境中可充分利用植物的自然特性，与整体环境相结合，给人们带来视觉、听觉、嗅觉的美感。植物首先是给人以视觉美，此外，还给人以听觉之美感。如"雨打芭蕉"、"檐前蕉叶绿成林，长夏全无暑气浸，但得雨声连夜静，何妨月色半床阴。"又如："留得残荷听雨声"等，都是古人针对居住环境中植物对人的视觉、听觉作用的描述，给人以美的享受。而植物给人们嗅觉的美感，在居住环境中的应用更为普遍，如梅花、腊梅、茉莉、含笑、栀子、米兰、蔷薇、桂花等，常在开花季节香气袭人，令人陶醉。

在居住环境的绿化中，以植物的形、色、香创造适宜人们的美学效果。将各种植物与建筑、山水等构成优美的景观，借景传情，形成诗情画意的意境，以不同的植物配置方式构成的空间给人以不同的感受，形成千姿百态的景观作用。

（五）经济效益

居住小区的绿化可以改善和提高居住环境质量，这有助于提高房地产的价值，具有相当的经济效益。曾有人统计，一处设计完美的住所，如果配置优美的树木花草，可使其房地产价值提高约 30%。据了解，美国纽约绿化环境好的中央公园附近的地产、房屋的价格一年可增加 100%～300%。在英国伦敦，大多数价格昂贵的住区是那些最靠近主要公园、街道上有行道树，或者是位于郊区、建筑密度低而绿地率高的地区。

因此，加强住区绿化、提高绿化率，不仅可以改善居住环境的质量，对于提高房地产价值也很有帮助。

（六）使用功能

1. 休闲场所

住区中的公共绿地是居民茶余饭后的休闲场所。住区绿地最接近居民，便于在紧张的工作和学习之余来这里放松一下，既可以丰富生活，又可以缓解紧张、消除疲劳。因此在绿地布置中要满足居民多种多样的休闲需求。如开阔的场地、绿草如茵，儿童可以在上边奔跑，大人能躺下来享受大自然的气息；也可以创造一些邻里交往的小天地，让街坊老朋友打牌、下棋、聊天；还应当提供一些运动场所，保证居民进行日常体育锻炼的需求。因此，公共绿地在住区中是空气新鲜，环境安静的休闲好去处。

2. 儿童游戏

住区中的公共绿地应当为儿童提供游戏场所。儿童是住区室外活动的主角，绿化中应该多考虑他们的需求。心理学家的研究表明，游戏是学龄前儿童的主要活动方式，是促进儿童身心健康、全面发展的最好形式。因此在住区内应结合系统分布的绿化布置相应的儿童游戏场地，让儿童有地方就近活动，并且在绿化环境好的场地中游戏，更有利于他们的身体健康发展。

3. 限定空间

绿化是住区内各种户外公共活动场所最佳的空间限定要素。根据调查，居民在住区室外活动时有一定的心理需求。既要保证一定的私密性，要求所在空间与外界分隔开来，使活动少受外来因素的干扰；又要开放性，在活动的同时可以多方位、多角度观察周围的情形，增强室外活动的趣味性。而绿篱能很好地起到限定和分隔室外空间的作用，做到空间隔而不断，既把空间分隔开了，但整个环境还是连通的，视线没有阻拦。因此绿化是限定室外空间界线的最佳要素，它没有生硬封闭的感觉，用来组景、引导和配景十分便利。

二、居住小区绿地系统的构成

居住小区绿地的内容包括小区公共中心绿地（小区小游园）、组团公共绿地、邻里生活院落公共绿地、近宅绿地、公共建筑绿地、道路绿地等，构成居住小区绿地系统。从绿地形态上来说，小区的绿化系统是由近宅绿地、道路绿化、各个层级的公共绿地组成的点、线、面结合的绿化系统。按照绿地的使用功能可将居住小区绿地划分为以下几大类。

1. 公共绿地

居住小区公共绿地，包括小区小游园、组团绿地、邻里生活院落公共绿地、道路绿地、儿童游戏场绿地等，是为小区全体居民或部分居民提供的休闲绿地。小区的小游园往往与公共服务设施、管理设施、娱乐设施、青少年活动场地、老年人活动中心等相结合，形成居民日常生活的休闲、游憩公共空间场所。

2. 专用绿地

居住小区中的专用绿地是指公共建筑所附带的绿地，包括小区的学校、图书阅览室、老年人活动站、青少年活动中心、托幼设施等专门使用的绿地。

3. 近宅绿地

近宅绿地是指环绕在住宅周围的四旁绿地。主要是指底层住户的宅前宅后院落绿地，以及住宅山墙一侧的绿地，多数是属于居民使用的半私有空间和私有空间。

4. 道路绿化

道路绿化是指居住小区内沿各个不同级别道路两旁的绿地和行道树。

（一）公共绿地

1. 公共绿地的构成

居住小区的公共绿地，根据不同的人口规模和组织结构应相应设置不同层级的公共中心绿地，分别为居住小区级中心绿地——居住小区小游园、居住组团中心绿地——组团绿地、邻里生活院落绿地以及其他块状、带状的公共绿地，如儿童游戏场、运动场、林阴道、防护绿化带等。

（1）居住小区中心绿地　一般人口规模在万人左右的居住小区，应设置小区中心绿地（也称小区小游园），居住小区中心绿地应不少于每人 1.0m²。小区中心绿地的规模不小于 0.4hm²，要求小区内居民能在步行 5～7min 左右到达，约 200～300m 的服务半径范围。由于服务于小区全体居民，要求中心绿地内有一定功能划分，并综合设置中型儿童活动设施、老年人活动设施和一般的游憩散步区域等。小游园内具体的设置内容可有花木、草坪、水体、雕塑、小品、儿童活动设施、老人活动设施、休息座椅和各种地面铺装、照明设备等（见图 6-1）。

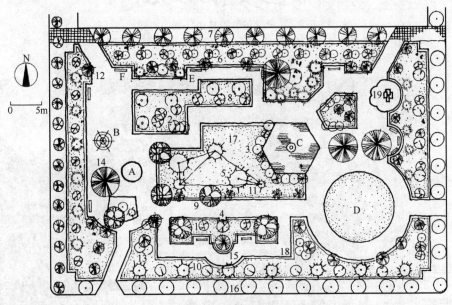

图 6-1　枣庄市龙兴里住区小游园

1—百日红；2—西府海棠；3—蜀桧；4—龙柏；5—雪松；6—石楠；7—沧桐；8—木槿；9—法桐；10—紫荆；11—凤尾兰；12—大叶女贞；13—黄杨球；14—合欢；15—龙爪槐；16—毛白杨；17—草坪；18—黄杨绿篱；19—山石
A—蘑菇亭；B—花架；C—喷水池；D—花坛；E—靠背座凳；F—座凳

（2）居住组团中心绿地　居住组团绿地，指标含于居住小区中，属于小区中某一组团居民所有，规模不小于 0.04hm²，服务半径为居民步行 3min 左右，约 200m 的距离。居住组团绿地要设置中小型儿童活动场地和设施，并提供适合成年人休息散步的空间和设施，但不要干扰周围居民的生活。绿地要结合基地情况灵活布置，内部宜设花卉草坪、桌椅、简易儿童游戏设施等（见图 6-2）。

（3）邻里生活院落绿地　邻里生活院落绿地规模随着邻里院落的不同而改变（见图 6-3）。该绿地设置时，应注意要有 1/3 的绿地面积在标准的日照阴影线范围以外，并注意本书表 2-4 的规定。

（4）其他小型公共绿地　其他小型公共绿地，有儿童游戏场、街头绿地、防护绿化带以

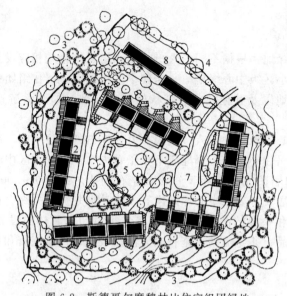

图 6-2 斯德哥尔摩魏林比住宅组团绿地

1—平台；2—院子；3—松树林；4—公园区；5—草地；6—车库；7—道路；8—专用停车场

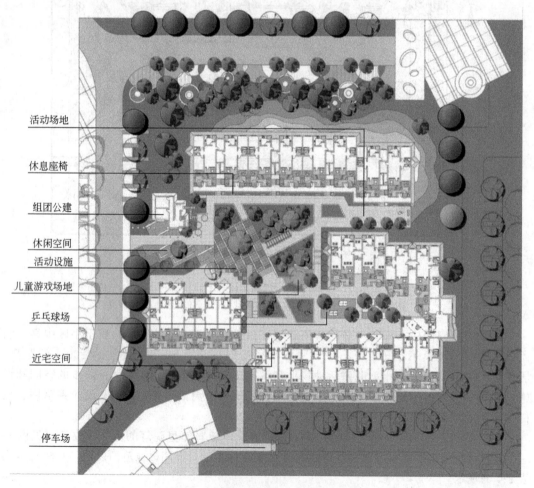

图 6-3 邻里生活院落绿地设计示意图

及利用地形和边角地形成的小型公共绿地等。根据用地形态划分，又有块状公共绿地和带状公共绿地两种。块状公共绿地一般为开敞式，周围相邻空间环境较好，面积不小于 $0.04hm^2$，其中可设置中小型儿童活动设施或满足一般休闲活动的基本要求。

带状公共绿地在居住小区中一般为街道带状绿地、林阴步道等，宽度不小于 8m。可以形成居民的休闲散步空间，又可辅助小区道路系统组织交通，并增加绿化率，丰富空间变化。

2. 公共绿地布置的系统性

根据我国目前的居住状况，在居住小区公共绿地系统规划中，依据绿地所处的具体位置，以及它与不同级别住宅用地的关系，和使用的人群规模等因素，可以将住区中的公共绿地系统分级设置，通过不同级别绿地相互配合形成住区有机的绿地系统。

住区公共绿地是由植物、水面、地面、道路、设施以及各种建筑小品组成，是住区空间环境中的重要内容。公共绿地的规划设计应当综合绿地的多种构成元素，结合相邻建筑的特点、居民的活动行为和心理需求以及当地的文化艺术因素等综合考虑，形成一个整体性的系统。

公共绿地系统的规划应当与住区的整体规划同步进行，从住区规划的总体要求出发，处理好绿化空间与建筑物的关系，形成有机的整体，并反映出一定的特色。长年居住在建、构筑物形成的人工环境中的人们，需要通过贴近大自然来调节自己的生活情绪，在住区中应利用绿地系统的各种要素，创造出接近自然的环境景观，将建筑室内外环境紧密地联系起来，为居民创造亲切、舒畅的整体性的居住环境。

3. 公共绿地分级设置

在实际规划中，根据各居住小区的具体情况，结合当地居民的实际生活需求，以及小区住宅组群规划组织模式的差异，小区各级公共绿地可以有以下不同的组织模式。

（1）三级模式　小区中心绿地（小区小游园）＋组团绿地＋邻里生活院落公共绿地。

（2）二级模式　小区中心绿地（小区小游园）＋组团绿地；小区中心绿地（小区小游园）＋邻里生活院落公共绿地。

4. 公共绿地规划设计要求

在住区公共绿地系统规划中应当遵循以下要求。

（1）充分利用自然地形与自然条件，结合建筑布局特点，创造符合居住生活要求并具有地方特色的不同类型的绿地。

（2）依照国家、地方针对住区绿化规划的要求，保证每个居民的绿地指标和绿地率要求，合理构成住区多层次的绿化系统。

（3）邻里生活院落公共绿地要根据住宅层数、房屋间距、地方特性和居民生活习性等进行设计，在环境中不仅丰富平面绿化，更要发展立体绿化、空中绿化，增加绿化的层次，形成丰富的住区绿色景观。

（4）住区绿化规划与住区整体规划同步进行，并与市政设施建设有机结合，统筹安排。将居住环境设计作为一个整体来考虑，而不仅是将绿化规划只作为单纯的植物配置和种植设计。

（5）在住区公共绿地系统规划中，采取集中与分散、重点与一般相结合的原则，以"点、线、面结合"的手法，形成绿地的系统性、连续性和整体性。其中，邻里生活院落公共绿地和组团绿地是"点"，沿住区内主要道路的绿化带是"线"，小区中心绿地（小区小游园）是"面"。点是基础，面是中心，线是纽带，让居民随时随地生活活动在绿化环境之中，时刻感受到丰富的绿化空间层次，为居民创造健康、舒适的居住生活环境。

（二）专用绿地

专用绿地是指在住区公共建筑和公用设施用地内的绿地，由各具体使用单位管理，按其自身的功能要求进行绿化布置。在进行规划设计时，应注意与周围居住环境的结合及其本身的功能要求与特点。例如学校，要有操场、生物实验园地、自行车棚；幼儿园应设置活动场、游戏场、管理杂院、动植物实验场等。

在内部规划布置时，要考虑使用方便、用地紧凑、改善环境，结合公共建筑的性质选择植物配置方式，形成良好的景观效果。尤其在绿化配置时，要考虑景观、遮荫、分隔和防护要求，可利用植物蔽挡不美观的建筑或角落，避免选用有刺、有毒汁、易招引蚊蝇毒虫，散发特殊或使人不愉快的气味，及飞絮绒毛等的植物品种，并要求抗病虫害。专用绿地，同样有利于改善住区小气候、美化环境和丰富居民生活。

（三）近宅绿地

近宅绿地环绕着住宅建筑布局，与住宅直接相连，也是居民出入住宅的必经之处，在这里邻里交往机会最多，对居住环境影响最为直接。由于近宅绿地分布的广泛，对小区生态环境起着重要作用，应通过乔木、灌木、草地等的搭配为居民提供空气清新、景观优美、舒适的居住环境。

近宅绿地应以绿化为主，因为在住宅单元入口处、拐角处就是居民喜欢驻足聊天的地方，可以结合绿化适当布置休息座椅和安静休息的场地。例如可利用草坪砖作为活动场地，并适当设置座椅供居民使用，这样既能保证居民的活动又有较高的绿化覆盖面积。板式住宅北侧宅间小路与住宅之间，因为缺乏充足的阳光照射，绿化时应选择喜阴植物，也可以作为自行车停放和居民活动用地。

近宅绿地中树木栽植非常重要。宅前树木的分枝宜低，这样可以阻止宅前道路上行人的视线穿透底层住户的窗户，满足住户的私密性要求。另外，树木栽植不应过密或太靠近住宅，以免影响底层住户的采光和通风（见图6-4）。

(a) 北京方庄芳城园小区近宅绿地　　　　　　　　(b) 上海田林小区近宅绿地

图6-4　近宅绿地实例

（四）道路绿化

1. 居住小区级道路绿化

居住小区级道路是联系小区内各组成部分的道路，其车行道宽度一般6～7m，总宽度不小于9～14m，在绿化设计时要考虑交通的要求，一般应设置行道树。当道路距住宅建筑较近时，应通过绿化布置防尘减噪。居住小区级道路绿化一般是住区内最为主要的带状绿化形式。

2. 居住组团级道路绿化

居住组团级道路一般以通行自行车和人行为主，还需满足救护、消防、清运垃圾、搬运等要求，是人车混行路面，路面宽度一般为 3~5m，道路两侧的绿化与住宅建筑的关系较密切，多以乔木、草地和灌木搭配为主。

3. 宅前小路绿化

宅前小路是通向各住户或各单元入口的道路，主要供人行，一般宽度为 2.5~3m，视用地和住宅层数而定。如为高层住宅，路面宽最好为 3m，以保证垃圾车直接到达高层住宅的垃圾收集处。宅前小路的绿化主要是分隔道路与住宅之间的用地，通过道路绿化明确各种近宅空间的归属和界线，并满足各种视线控制要求。

4. 道路绿化设计

进行道路绿化设计时，道路两侧的种植宜适当后退，便于必要时急救车和搬运车辆等驶近住宅。有的步行道路与交叉口可适当放宽，与休息活动场地结合，形成邻里活动交往的场所。在道路与宅间绿地设计时应选择适合的植物种类，使花草树木与建筑协调，互相衬托。

小区内道路两旁的行道树不应与城市道路的树种相同，应体现住区亲切温馨、不同于街道嘈杂开放的特性；道路两旁绿化种植应与两侧的建筑物、各种设施相结合，疏密相间，配置不同的树种，高低错落，变化丰富。道路绿化还应考虑与住宅建筑相结合，在植物选种、配置上突出特点，以不同的行道树、花卉、灌木、绿篱、地被、草坪组合不同的绿色景观，尽量提高空间的可识别性与归属感。

道路绿化种植的间距较为重要，应考虑与绿化功能要求、道路断面形式相适应。一般在住区中，道路绿化种植的要求如图 6-5 所示。

三、居住小区公共绿地布置的基本形式

在居住小区各级公共绿地中，不论是小区中心绿地（小区小游园）、组团绿地，还是邻里生活院落公共绿地，按照平面布局和绿地空间开放性的特点，其基本布置形式可以归纳为以下几种。

（一）按照平面布局划分

1. 规则式

规则式是从整个平面布局、立体造型以及建筑、广场、道路、水面、花草树木的种植等都较规则严整，多以轴线组织景物，布局对称均衡，绿地中的园路多用直线或几何规则线型，各构成要素均采取规则几何型和图案型。如将树丛绿篱、水池、花坛均用几何形式，花卉种植也常用几何图案，在道路交叉点或构图中心布置雕塑、喷泉、叠水等观赏性较强的小品。这种布局适用于平坦的地形，具有庄严、雄伟、整齐的效果，但缺点是不够活泼、自然，在面积不太大的住区绿地中应用这种形式，往往使人一览无遗，层次不够丰富（见图 6-6）。

2. 自由式

自由式是以效仿自然景观为主，各种构成因素多采用曲折流畅的自然形态，不求严整对称，但求自然生动。充分结合基地内的自然地形，并运用我国传统造园手法，模仿自然群落的关系，将植物、建筑、山石、水体融为一体，种植有疏有密，空间有开有合，道路多用曲折弧线型，亭台、廊桥、池湖点缀其中，形成自然惬意的绿化空间。自由式布局适

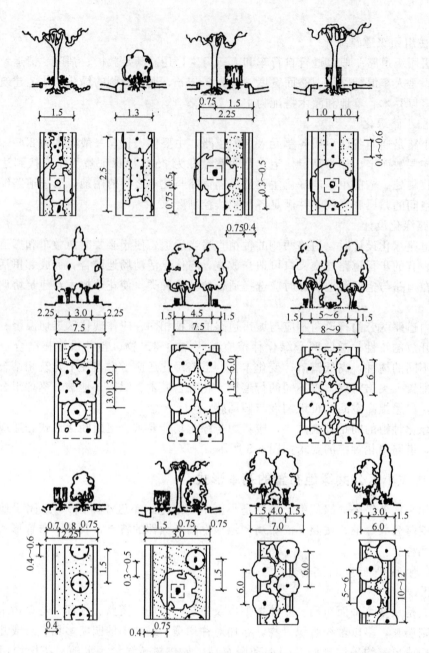

图 6-5　行道树种植形式（单位：m）

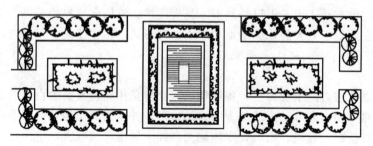

图 6-6　规则式绿地示意图

于地形变化较大的用地，可在有限的面积中，充分营造出体现自然美的环境氛围，在人工建筑环境中能够取得理想的景观效果（见图6-7）。

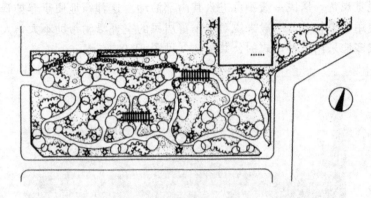

图6-7　自由式绿地——天津万新村住区环秀东里桃园

3. 混合式

混合式是以上规则与自由式相结合的形式，在实际当中应用较多。根据居民的外部空间功能要求，以规则式与自然式兼用的形式，灵活布局，既能和四周环境相协调，又能在整体上产生韵律和节奏，对地形和周边环境的适应性较强，能够形成不同的空间艺术效果（见图6-8）。

（二）按照绿地空间开放性划分

1. 开放式

开放式绿地可供居民进入其中游憩、观赏和使用，游人可以亲近和参与其中。开放式绿地多采用自由式布局，结合场地设计、地面铺装，并配备一定的设施，而且环境较好，是居民日常活动较为集中的公共绿地。在住区中，这种开放式绿地因为可以供人参与使用而较受居民欢迎（见图6-9）。

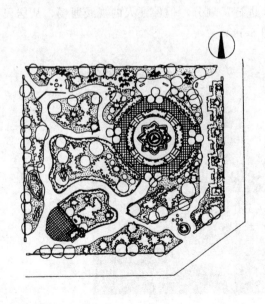

图6-8　混合式绿地——天津子牙里街坊芳草园

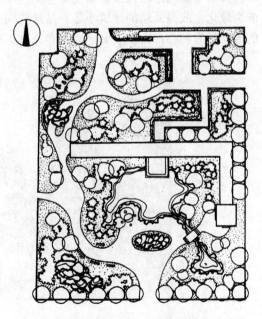

图6-9　开放式绿地——天津真理道住区鹤园

2. 封闭式

封闭式绿地周边一般以绿篱或其他设施封闭，在其内部组织大面积草皮和绿化种植，但只可提供视觉观赏，居民一般不可进入其内部活动。这种绿地便于养护管理，但游人活动面积少，使用效果较差，一般来说对于丰富居民的室外活动帮助不大，大多数居民不希望在住区中过多地采用这种形式的公共绿地（见图6-10）。

图 6-10　封闭式绿地——深圳莲花二村核心绿地

3. 半开放半封闭式

这种形式的公共绿地局部对居民开放，在绿地周围设小散步道可出入于绿地内，其中还可结合绿化设置供居民停留的场地和活动设施，在场地和道路周边可以设置花坛或用于阻隔游人活动的绿篱、封闭树丛、建筑小品等。这种布局既可满足居民活动的要求，又可以在活动场地周边通过设置绿篱等与其他空间隔离，各种用于封闭、隔离、围合的设施，或为绿化、或为低矮的建筑小品，虽从空间上进行了划分，但保证人的视线通畅，从居民的活动行为和心理需求上都能满足要求（见图6-11）。

图 6-11　半开放半封闭式绿地——深圳鹿丹小区小游园

四、居住小区各级公共绿地设计方法

（一）小区中心绿地

1. 功能和规划设计要求

小区中心绿地即小区小游园，主要供小区内居民使用，是小区范围内绿地生态系统的核心。小游园应当为人们提供休息、观赏、游玩、交往及文娱活动场所。园内应以绿化为主，并有一定的功能划分，也可将老年活动站和青少年文化站同小区小游园结合起来。

2. 位置

根据小区小游园在居住小区中所处的位置，可以有以下两种布置方式。

（1）外向型　小游园可在小区一侧沿街布置，这种布置形式将绿化空间从居住小区内部引向外向空间，与城市街道绿地相连，既是街道绿地的一部分，又是居住小区的公共绿地，其优点是：既为居住小区居民服务，也面向城市市民开放，因此利用率较高；由于位置沿街，可以美化城市、丰富街道景观；同时，通过绿地分隔居住建筑与城市道路，可以为住区内部环境降低尘埃、减低噪声、防风，使小区具有良好的生态环境（见图6-12）。

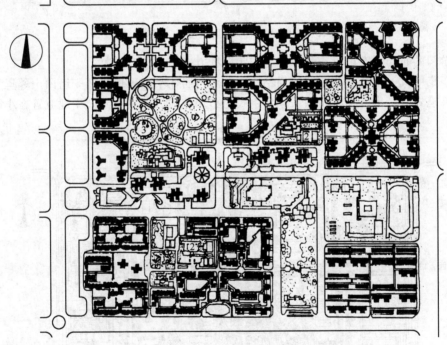

图6-12　外向型绿地——深圳园岭联合小区中心绿地
1—中学；2—小学；3—托幼；4—商业综合体

（2）内向型　将小区小游园设在小区用地的几何中心，使其成为内向的绿化空间。这样，小区小游园至小区各个方向的服务距离均匀，各种效益可供居民充分享有。位于小区中心的小游园，在建筑群环抱之中，形成的空间环境比较安静，受外界人流、交通的影响小，可增强领域感和安全感。小区中心的绿化空间与四周的建筑群之间，可产生自然与人工、软与硬、虚与实的强烈对比，使小区的空间疏密有致，层次变化丰富（见图6-13）。

3. 布局形态

根据居住小区的整体规划结构，以及与当地的实际居住情况和居民生活要求相适应，

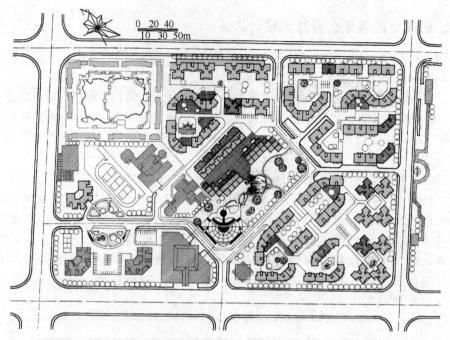

图 6-13 内向型绿地——南京南苑二村中心绿地

小区小游园的布局形态可以有集中式与带状两种方式。

（1）集中式 结合小区整体规划结构，一般当居住小区采取小区＋组团＋邻里生活院落的三级模式时，小区小游园多采取集中式的布局方式。即将小游园用地放置在小区用地

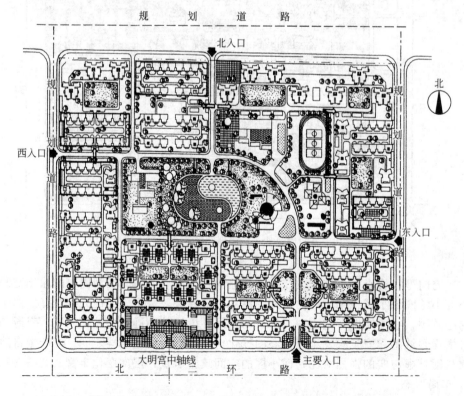

图 6-14 集中式绿地——西安大明宫花园小区中心绿地

的几何中心，结合小区文化娱乐设施，形成小区的公共活动中心。这样对相邻的居住组团有均等的服务半径，同时绿地相对集中、规模较大，可以成为小区的绿化生态核心区域，在其中创造出系统的、完整的、层次丰富的绿化景观空间（见图 6-14）。

（2）带状 当居住小区的规模较小，用地在某一方向较为狭长时，小区的居住组织模式多采取小区＋邻里生活院落的两级结构，这时小游园宜采用带状布局，将小区级别的各种公共服务设施沿带状绿地布局。这样小区的公共绿地贯穿整个小区范围，并且与每一个邻里生活院落相邻，可做到各邻里生活院落都能与小区公共中心直接联系，使公建和公共绿地深入到住宅组群之间，宜形成更为亲切、自然的居住环境（见图 6-15）。

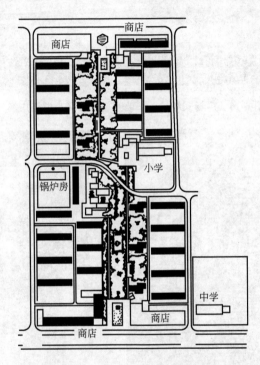

图 6-15　带状绿地——北京塔院小区中心绿地

4. 规划布局方式

（1）广场式 广场式的小区小游园以铺地广场为主，便于开展小区居民群体综合性活动，如聚会、跳舞、表演、儿童游戏等，规模一般不大。广场周围环以绿地，点缀树木、花坛，并有供表演的舞台、场地和居民休息的台阶、座椅。这种布局方式能够为居民创造一个活动中心，对组织社区文化活动比较有利，但应注意广场的绿化种植，尽量在夏季提供荫凉，避免过大面积的硬质铺地，以免在夏季产生大量的辐射热（见图 6-16）。

（2）开敞草坪式 这种方式以开敞式的草坪为主，树木较少。其优点是视野开阔，大面积的绿地与周围建筑互相映衬，视觉上感觉明快舒畅。但缺点是绿化覆盖量较小，生态效益差，可供居民活动的场地和可停留空间太少，利用率不高。应适当增植乔木，既可吸引居民亲近小区小游园，又可保持内部视线的开敞（见图 6-17）。

（3）组景式 这类小区小游园多利用特殊的地形结合植物、围墙小品来划分空间和引导视线，追求空间变化，多采用传统园林或城市公园的设计手法。距离小区小游园较近的住宅与小游园的组景关系密切，如果住宅形象比较呆板，可用树丛、地形适当遮蔽；如果造型较好，就可以引入到景观构图中成为景观要素。并且在绿地内的景观设计中，注意绿

图 6-16　广场式绿地——北京望京住区小游园广场

图 6-17　开敞草坪式绿地——
深圳金海湾小区中心绿地

图 6-18　组景式绿地——
深圳雍华府小区中心绿地

化景观与周边建筑的协调统一（见图 6-18）。

（4）混合式　这类小游园综合运用上述几种手法，将广场、草坪或利用地形、植物的造景结合在一起，以满足居民的多种需求。设计中多以广场为中心，充分利用人工的广场、建筑小品与自然的植被、地形的对比形成协调统一的整体，环境意象比较明确（见图 6-19）。

（二）组团绿地

1. 功能和规划设计要求

图 6-19 混合式绿地——深圳鸿瑞花园小区中心绿地

组团绿地供本组团居民集体使用，随着组团中住宅组群的布置方式和布局手法的变化，其大小、位置和形状相应变化。组团绿地的位置最好位于居民出入必经之处，或者居民走出住宅院落就能够直接到达的地方，这样居民从心理上会产生亲近感，使用率会提高。组团绿地应有独特的标志物，明确的边界及向心、围合的空间形态，这都有助于产生场所感，便于居民形成认同感和归属感。

在组团绿地的规划设计中，要精心安排不同年龄层次居民的活动范围和活动内容，提供舒适的休息和娱乐条件。要便于设置中小型儿童活动场地和设施，并适合成年人休息散步而不干扰周围居民生活的基本要求。可将成人和儿童活动用地分开设置，尤其是对活动量较大的学龄儿童应专设儿童游戏场，以小路或植物来分隔，避免互相干扰。

组团绿地中应以低矮的灌木、绿篱、花草为主点缀一些品种较好的高大乔木，强化组团特征，内部不宜建许多园林建筑小品，乔木配置时要结合功能需要，不要太多太密，以免堵塞空间；在场地中设置一定面积的铺面及儿童游戏设施；布置草坪、花台、花坛、花架、桌椅等，有条件的还可设置小型水景，使不同组团具有各自的特色（见图 6-20）。

图 6-20 上海万科小区紫薇组团绿地

2. 规划布局方式

(1) 周边式住宅组团的中部　组团绿地处于周边式布置的住宅所围合出的空间的中部。这种组团绿地封闭感较强。由于将建筑与建筑之间的庭院绿地集中组成，因此在相同建筑密度的前提下，这种形式可以获得较大的绿地面积，且绿地距住宅较近，有利于居民从窗内看管在绿地玩耍的儿童。

(2) 行列式住宅山墙之间　行列式布置的住宅居住条件均衡，但空间单一、缺乏变化。适当增加住宅山墙之间的距离开辟为绿地，可为居民提供一块阳光充足的户外公共活动空间，也有益于打破行列式布置的山墙间狭窄、单调的感觉。这种组团绿地与邻里生活院落绿地空间相互渗透，丰富了居住空间环境的变化。

(3) 扩大的住宅建筑间距之间　在行列式布置的住宅之间，通过适当扩大住宅间距达到原间距的 1.5～2 倍，保证一定的用地处在建筑阴影区之外，就可以在扩大的间距中布置组团绿地。

(4) 住宅组团的一侧　利用住宅组团内不宜建造住宅的边角空地或地形不规则的场地来布置组团绿地。这样可以提高土地利用率，增加绿化率，也尽量避免在住宅组群间出现不被人重视的消极空间。

(5) 住宅组团之间　当组团内的用地有限时，为争取较大的绿地面积，有利于布置活动设施与场地，可将两个组团的绿地合一或在两个组团之间布置组团绿地。

(6) 临街组团绿地　在临城市道路的住宅组团外部，可临街布置绿地，既可为居民使用，也可向市民开放；既是组团的绿化空间，也是城市空间的组成部分，并形成富有情趣的街道绿化景观。

(7) 其他布局方式　除以上几种较常用的布局方式之外，还可以在自由组织的住宅组团之间，利用宅间围合的空间布置组团绿地。或根据基地的具体情况，结合自然地形、地貌进行组团绿地布局，如沿河带状布置，充分体现出与自然的紧密结合。各种布局方式见表 6-1。

表 6-1　组团绿地布局方式

绿地的位置	基本图式	绿地的位置	基本图式
周边式住宅组团的中部		住宅组团的一侧	
行列式住宅山墙之间		住宅组团之间	
扩大的住宅建筑间距之间		临街布置	
自由式住宅组团的中间		沿河带状布置	

（三）邻里生活院落公共绿地

1. 功能和特点

邻里生活院落公共绿地包括住宅之间、宅前、宅后及建筑本身的绿化用地，它与居民的各种日常生活关系密切，是居民出入住宅的必经之路。邻里生活院落公共绿地应紧密结合住宅建筑的规划布局、住宅类型、建筑层数、建筑间距及建筑平面等多种因素综合考虑。

邻里生活院落公共绿地在居住小区总用地的面积中约占 35% 左右，是小区中占地面积最大，分布最广的用地。据测算，邻里生活院落公共绿地面积人均可达 $4\sim6m^2/$人，而大多数小区公共绿地一般不超过 $2m^2/$人，可见，人均邻里生活院落公共绿地面积比小区公共绿地面积指标大 $2\sim3$ 倍，在小区室外绿化环境中处于非常重要的地位。

2. 规划设计要求

（1）多功能　邻里生活院落公共绿地应较多地考虑儿童的室外活动，在绿地内设置最简单的游戏场地，如经济实用并且安全的沙坑等，在铺地和沙坑旁放上座椅，供大人休息和看管小孩。同时还可以为居民的室外家务活动提供场地，如组织晾晒、自行车存放等必需的设施、场地。邻里生活院落公共绿地也是改善生态环境，为居民直接提供清新空气和优美、舒适居住条件的重要因素，可防风、防晒、降尘、减噪，改善小气候，调节温湿度及杀菌等（见图6-21）。

（2）领域性　邻里生活院落公共绿地的领域特性大体可分为三种情况：私人领域、集体领域、

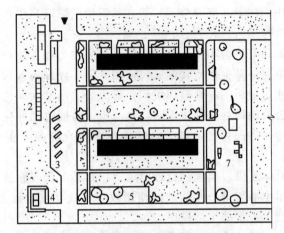

(a) 邻里生活院落公共绿地主要功能示意图

1—储藏；2—晒衣；3—存车；4—垃圾；5—活动；
6—休息；7—游戏

(b) 北京恩济里小区幸苑组团邻里生活院落绿化

(c) 苏州桐芳巷小区邻里生活院落绿化

图6-21　邻里生活院落公共绿地主要功能示意图及实例

公共领域。一般在住宅建筑底层，将宅前宅后的绿地用绿篱、花墙、栏杆等围隔成住户私有绿地，领域界线清楚，使用时间较长，并可改善底层居民的生活条件，这部分空间由住户专用，防卫功能较强。一般在邻里生活院落当中，这部分绿地也可以属于近宅绿地，由住户自行进行绿化布置。

而住宅宅旁小路一侧的绿地，多为住宅楼各住户集体所有，无专用性，使用时间不连续，也允许其他住宅楼的居民使用，但不允许私人长期占用或设置固定物。一般单元式住宅将建筑前后的绿地整体组织，形成公共活动的绿化空间。

公共领域处在邻里生活院落当中，是周边相邻住宅的居民进行主要户外活动的中心绿化地带，居民可自由进出，使用权归公众所有，但是使用者常变更，在时间上具有短暂性。

总体来讲，离家门越近的绿地，其私人领域感越强，反之则公共领域感增强。为了提高邻里生活院落公共绿地的使用效率，就要在设计上加强领域意识，使居民明确行为规范，建立正常的生活秩序。

（3）绿化为主　邻里生活院落公共绿地中以绿化为主，绿地率可达 90%～95%。应充分发挥各种不同植物的形态、色彩、线条美，采用观花、观果、观叶等各种乔木、灌木、藤木、宿根花卉与草本植物相结合，使居民能感受到强烈的时空变化。植物配置以孤植或丛植的方式形成群体形态自然的树群，除绿篱外一般不采用规则式修剪，使植物群保持自然体态，以达到接近自然的效果。

（4）识别性　邻里生活院落公共绿地应当具有识别性。在院落中，根据住宅的组成形式和特点，以不同植物种类，采用不同的配置方式，形成不同的绿化环境，从形式与内容上达到较好的识别效果。

（5）美观、舒适　进行邻里生活院落的绿地设计时，要注意庭院的空间尺度，选择适合的树种，其形态、大小、高度、色彩、季相变化与庭院的大小、建筑的高度互相陪衬，形成完整的景观绿化空间。

根据我国目前的居住水平与居民生活习惯，底层住宅小院还应适当考虑居民堆放杂物的需要，因此要用低矮的围墙或绿篱分隔小院，并通过院中一定的绿化种植来进行遮挡。在居室外种植乔木时，一般要与地下管线的铺设相结合设计，地下管线尽量避免横穿住宅院落绿地，并与绿化树种之间留有最小水平净距。乔木与住宅外墙的净距应在 5～8m 以上，而且窗前不宜种常绿乔木，以落叶树木为好，以保证数年后树木长大不会影响室内采光、通风，还需注意树木的病虫害不要影响室内卫生。住区中管线、其他设施与绿化树种间的最小水平净距要求可详见表 6-2。

表 6-2　管线、其他设施与绿化树种间的最小水平净距/m

管线及其他设施名称	最小水平净距		管线及其他设施名称	最小水平净距	
	至乔木中心	至灌木中心		至乔木中心	至灌木中心
给水管、闸井	1.5	1.5	热力管	1.5	1.5
污水管、雨水管、探井	1.5	1.5	地上杆柱(中心)	2.0	2.0
燃气管、探井	1.2	1.2	消防龙头	1.5	1.2
电力电缆、电信电缆	1.0	1.0	道路侧石边缘	0.5	0.5
电信管道	1.5	1.0			

（6）住宅建筑的绿化　邻里生活院落公共绿地的绿化中，除要考虑住宅所围合的地面空间的绿化组织，同时应加强住宅建筑本身的绿化。住宅绿化主要有建筑与庭院入口、建

筑基础、墙面和屋顶绿化等，必须与邻里生活院落公共绿地和住宅建筑的形式与风格相协调。如台阶式、平台式和连廊式住宅建筑的绿化形式越来越丰富多彩，使得邻里生活院落公共绿地随着住宅建筑的发展向立体、空中发展（见图 6-22）。

图 6-22　住宅建筑、连廊立体绿化——1996 年上海住宅
设计国际竞赛获奖方案：绿野、里弄构想

3. 邻里生活院落公共绿地的类型

邻里生活院落公共绿地反映了居民的不同爱好与生活习惯，在不同的地理气候、生活习惯与环境条件下，可分为以下几种类型。

（1）庭园型　庭园型是近年来较多采用的邻里生活院落公共绿地方式。这种方式是在绿化的基础上，适当设置园林小品，尤其是在住宅单元门口和由住宅所围合的面积较大的绿地当中，应适当布置休息座椅及供安静休息的场地。因为在住宅单元入口附近、建筑拐角处是居民喜欢驻足聊天的地方，在这里适当设置铺地、座椅供居民使用，或通过铺设有别于宅前道路的专用地面砖作为活动场地，这样既能保证居民的活动场所又有较高的绿化覆盖面积，因此这种邻里生活院落公共绿地形式深受居民喜爱。

（2）树林型　在邻里生活院落公共绿地中，以高大的树木为主形成树林。这种绿地形式在管理上简单、粗放，大多为开放式绿地，居民可在树下活动。树林型绿地有利于调节住宅院落环境小气候。但因为缺少灌木和花草配置，在进行树种选择时应注意快长与慢生、常绿与落叶、色彩、树形、季相等的搭配，避免过于单调。

详细设计时注意宅前的树木分枝宜低，这样可以将地面行人视线封闭在一层左右的建筑高度，能够减轻住宅的巨大体量带来的压迫感，也有利于减轻底层视线干扰；树木不应过密或太靠近住宅，以免影响低层住户的采光通风和夏季形成细菌滋生的阴湿环境；适当运用乔木可减少相对住宅之间的视线干扰，保持私密性。这些应通过树木的种植、高度设计和树种选择来达到居住要求。

（3）花园型　花园型是以篱笆或栏杆围成一定范围，在其中布置花草树木和园林设施。这种形式色彩层次较为丰富，在相邻住宅楼之间，可以遮挡视线，空间围合性、领域性强。同时应在其中为居民提供游憩、休息的场地和设施。花园型绿地可布置成规则式或自然式，既可以是封闭式的景观花园，也可以成为开放进入式的花园。

（4）草坪型　草坪型是以草地绿化为主，在草坪边缘适当种植一些乔木或灌木、草花之类。这种形式多用于高级独院式住宅群的院落，在生活中应当注意草坪维护管理。

（5）棚架型　棚架型以棚架立体绿化为主，采用开花结果的蔓生植物，有花架、葡萄架、瓜豆架等，居民既可观赏，又能在棚架下进行各种活动，如儿童嬉戏、成年人聊天、干家务等，美观实用，较受居民喜爱。

（6）篱笆型　用常绿或开花的植物组成篱笆或绿篱，分隔或围合成邻里生活院落公共绿地。还可以开花植物形成花篱，在篱笆旁边栽种爬蔓的蔷薇、牵牛花、喇叭花等，或直立的开花植物如夜来香、扶桑、栀子等形成花篱，营造邻里生活院落公共绿地中较好的绿化景观。

（7）园艺型　在邻里生活院落公共绿地中可以根据当地条件和居民喜好，种植果树、蔬菜等，既达到绿化效果，又可以收获果品蔬菜，供居民享受田园乐趣。一般种些易于管理的品种，如枣、石榴等。而种植蔬菜需施肥，有碍环境卫生，因此在城市不宜多用。

在邻里生活院落公共绿地中，为居民尽可能提供可种植果树蔬菜的条件，在设置棚架、栏杆、围墙时考虑到居民种植的需要，进行统一规划设计，避免居民自行建造破坏居住环境的整体美观，这样可以使家庭园艺活动有利于住区绿化质量的提高，也适当满足居民业余园艺爱好的需要。

（8）家务型　在条式住宅北侧宅间小路与住宅之间多作为绿地处理，这可以保证底层住户的私密性。但在北方，这块区域由于处于建筑阴影区内没有充足的阳光照射，因此常将这块用地作为临时的自行车停放和活动场地，提供给邻近居民进行室外家务活动时使用。

五、公共绿地的指标与技术要求

（一）公共绿地的指标

1. 技术经济指标体系

随着城市居民生活水平的不断提高，住区内的绿化受到越来越多的重视，绿地指标也在不断提高。对一个居住小区来说，可通过以下一些技术经济指标来反映住区的绿化水平。

（1）居住小区绿地面积　居住小区绿地应包括公共绿地、宅旁绿地、配套公建所属绿地和道路绿地，其中包括满足当地植树绿化覆土要求、方便居民出入的地下或半地下建筑的屋顶绿地。居住小区绿地面积就是这些绿地面积的总和。但在实际规划设计中，这项指标较少出现，而是以它在小区用地中所占比例的绿地率较为常用。其中小区小游园规划用地不小于 $0.4hm^2$，居住组团绿地不小于 $0.04hm^2$。此外，还有一些具体的技术要求将在后文中详述。

（2）居住小区人均公共绿地面积　居住小区人均公共绿地面积指居住小区每个居民平均所拥有的公共绿地面积，小区（含组团）不少于 $1m^2/$人，组团不少于 $0.5m^2/$人，并应根据规划布局灵活使用。旧区改建可酌情降低其指标，但不得低于相应指标的 70%。

（3）居住小区绿地率　绿地率是指居住小区内的公共绿地、宅旁绿地、公共服务设施所属绿地和道路绿地等四类绿地（包括满足当地植树绿化覆土要求、方便居民出入的地下建筑或半地下建筑的屋顶绿地）面积的总和占居住小区用地总面积的比率（%）。同时要求，新区建设绿地率不应低于30%，旧区改建绿地率不宜低于25%。

（4）居住小区公共绿地率　居住小区公共绿地率指居住小区公共绿地占居住小区总用地面积的百分比。公共绿地在小区中占5%～15%，组团控制在3%～6%之间。

（5）绿化覆盖率　绿化覆盖率也是反映住区绿地的技术经济指标中的一种。它是以乔木、灌木和多年生草本植物的垂直投影面积占总用地面积的比例表示，乔木树冠下重叠的灌木和草本植物不再重复计算。但在实践中，绿化覆盖率在测算中较困难，树木的覆盖面积随着树龄、季节、生长状况而不断变化，不易反映绿地的实际情况。因此，绿化覆盖率无法实时、全面地反映小区内的绿化水平，在现在的绿化设计中已不太多见，而是根据规范要求，通常以前四种指标，尤其是绿地率来体现一个小区的绿化水平。

2. 定额指标的实际运用

我国住区建设自20世纪80年代以来取得了巨大的成就，在住房内部条件改善的同时，居民对户外环境尤其是绿地的要求越来越高。住区绿地指标已日益成为人们衡量居住环境质量的重要标准之一。

从住区公共绿地来看，联合国1996年在有关城市绿地规划的报告中提出的居住区绿地定额是相当高的，见表6-3。与之相比，长久以来我国的住区绿地定额指标一直偏低，在20世纪70年代以前建成的居住小区，公共绿地指标大多为1m²/人以下。自20世纪70年代末、80年代初以来，随着住房制度改革的推进，住区公共绿地指标才有所增加，居住环境也得到了改善。

表6-3　联合国1969年提出的居住区公共绿地定额

分　类	与住宅的距离/km	面积/m²	人均绿地面积/(m²/人)
住宅组公园	0.3	1×10⁴	4
小区公园	0.8	6×10⁴～10×10⁴	8
居住区公园	1.6	30×10⁴～60×10⁴	16

我国从1985年开始进行了首批实验小区的建设，20世纪90年代初进行了建设部城市住宅试点小区的建设，1994年起又开始实施"2000年小康型城乡住宅科技产业工程"，评选出一批小康住宅示范小区。其相关绿地指标见表6-4～表6-6。

表6-4　第一批试验小区绿地指标统计（1985年）

小区名称	人均用地面积/(m²/人)	人均公共绿地/(m²/人)	公共绿地率/%	绿地率/%
济南燕子山小区	14.10	1.94	13.80%	
无锡沁园小区	15.50	1.78	11.49%	42%
天津川府新村	15.24	1.61	10.52%	40%
平均指标	14.95	1.78		

表6-5　建设部城市住宅试点小区绿地指标统计

序号	小区名称	人均用地/(m²/人)	人均公共绿地/(m²/人)	公共绿地率/%	绿地率/%
1	常州红梅西村	18.50	3.06	16.49	38.30
2	合肥琥珀山庄	19.56	2.87	14.69	31.70
3	唐山新区11#小区	18.39	2.76	15.00	35.00
4	无锡芦庄小区	16.51	1.84	11.13	38.00
5	成都棕北小区	14.49	1.84	12.68	36.00
6	株洲滨江一村	15.87	1.80	11.18	31.80
7	石家庄联盟小区	15.74	1.75	11.11	
8	青岛四方小区	14.32	1.47	10.66	
9	北京恩济里	16.03	1.37	8.50	
10	上海康乐小区	11.57	1.36	11.70	31.50
11	济南佛山苑	15.23	0.88	5.80	28.90
	平均指标	16.01	1.91	11.72	

表 6-6　小康住宅示范小区（1994～1996 年）绿地指标统计

序号	小区名称	人均用地 /(m²/人)	人均公共绿地 /(m²/人)	公共绿地率 /%	绿地率 /%
1	上海锦华	28.92	7.30	25.20	34.00
2	株洲家园	23.36	4.55	19.47	36.86
3	沈阳龙盛	16.07	4.42	25.7	
4	南京南苑	20.00	4.18	20.89	42.50
5	儒江东村	23.35	3.98	17.00	33.60
6	成都锦苑	29.40	3.96	13.46	33.50
7	上海江桥	20.95	3.94	18.81	45.55
8	中山翠亨	30.60	3.89	15.35	36.40
9	北京小营	33.18	3.86	11.60	56.00
10	北海银湾	38.80	3.74	10.00	41.00
11	重庆龙湖	28.53	3.61	12.64	36.11
12	大明宫一	19.31	3.61	18.70	33.00
13	广州红岭	18.70	3.22	13.19	38.62
14	梧州绿园	36.23	3.21	8.87	38.10
15	长沙望江	31.30	3.19	11.84	42.00
16	苏州竹园	34.40	3.17	9.20	30.20
17	天津华苑	37.00	3.02	11.40	38.00
18	南京东方	16.96	3.00	17.70	35.50
19	肇庆鼎湖	22.21	2.82	12.60	35.00
20	淄博金茵	30.82	2.76	8.90	37.00
21	嘉兴穆湖	20.70	2.70	13.40	36.00
22	苏州友联	19.76	2.37	12.04	46.01
23	大明宫二	14.83	2.04	13.80	39.40
24	柳州河东	18.91	1.28	6.75	32.17
	平均指标	25.60	3.49	14.52	

从中可以看出试点小区比试验小区人均公共绿地指标略有提高，而示范小区则有较大的提高。可见，近年来我国的住区绿化已取得了一定的进展。小康型住宅小区是我国面向21 世纪提出的住区发展重要目标之一，确定合理的绿地定额指标具有重大意义。

（二）公共绿地的技术要求

1. 满足居民户外公共活动的要求

住区内公共绿地首先要满足居民户外公共活动的要求，这在绿地的规模确定方面有具体要求。而各级中心公共绿地的规模确定，主要考虑两个因素：一是人流容量，二是各级中心绿地合理安排场地和游憩空间的使用功能要求。

根据我国一些城市的住区规划实践，考虑以上两个因素，居住小区的小游园规划用地不小于 0.4hm²，即可满足有一定的功能划分和一定游憩活动设施，并容纳相应的出游人数的基本要求。居住组团绿地用地不小于 0.04hm²，即可满足简易设施的灵活布置。住区内其他块状带状公共绿地，应同时满足宽度不小于 8m，面积不小于 400m² 的规模要求和其他一些相应的规范要求。并且要求住区内各中心绿地的绿化面积（含水面）不宜小于 70%，保证在有限的用地内争取最大的绿化面积，并使绿地内外融为一体。

对于布置在住宅间距内的公共绿地，应满足有不少于 1/3 的绿地面积在标准的建筑日照阴影线范围之外的要求，并便于设置儿童游戏设施和适于成人游憩活动。其中院落式组团绿地的设置还应同时满足本书中表 2-4 的各项要求，其面积计算起止界应符合图 6-23所示的要求，以保证良好的日照环境。

在进行绿地规划布置时，绿化植物与建筑物、构筑物最小间距要求见表 6-7。

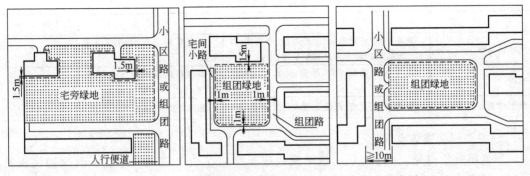

| (a) 宅旁(宅间)绿地 | (b) 院落式组团绿地 | (c) 开敞型院落式组团绿地 |

图 6-23　绿地面积计算起止界示意图

表 6-7　绿化植物与建筑物、构筑物的最小间距

建筑物、构筑物名称	最小间距/m		建筑物、构筑物名称	最小间距/m	
	至乔木中心	至灌木中心		至乔木中心	至灌木中心
建筑物外墙(有窗)	3.0~5.0	1.5	人行道路面边缘	0.75	0.5
挡土墙顶内和墙脚外	2.0	0.5	排水沟边缘	1.0	0.5
围墙	2.0	1.0	体育用场地	3.0	3.0
铁路中心线	5.0	3.5	喷水冷却池外缘	40.0	
道路路面边缘	0.75	0.5	塔式冷却塔外缘	1.5 倍塔高	

2. 公共绿地中场地与绿地的合理组织

住区公共绿地是为了满足居民休息、观赏、游憩、娱乐等活动的要求而设置的，主要服务对象是老人、青少年、儿童等。为便于居民开展各项活动，要求绿地具有一定的活动场地（包括道路、游戏场、铺装场地等）。

根据调查，在场地与绿地面积分配中若达到以下比例关系，将能够较好地满足居民的要求：在小区级公共绿地中，活动用地约占30％，道路、广场、建筑小品等用地约占10％，绿化用地约占60％。对于组团绿地来说，活动场地在50％～60％之间较适合。

通过对实例的调查，结果表明，绿化覆盖率在55％～80％时绿化效果良好，游人活动面积率在50％以上，便于居民进行活动。当游人活动面积率在20.4％～28.2％之间时，绿地多采用封闭式，居民无法进入，即使绿化覆盖率较高，但由于绿地与居民被分隔开来，使人无亲近感，产生可望而不可即的远离感。

目前，我国城市住区用地面积有限，建筑密度大、人口密集，住区绿地指标都较低。而社会老龄化问题日趋显著，老人与儿童、青少年是住区绿地的主要服务对象，因此如何在有限的面积与空间内适应众多居民的各种需求是一个非常复杂的问题，要求绿地有适宜的规模、合理的布置和多功能的用途。在一块活动场地上，既可供儿童们游戏、打球，又可供老人们锻炼身体，要充分利用每一块公共绿地来满足不同人群的活动需求。住区中的居住用地平衡控制指标中公共绿地占各级规模住区总用地的比率可参照本书表2-2的要求。

而在进行公共绿地内部的具体规划设计时，各级中心绿地设置内容的要求见表6-8的规定。

表 6-8　各级中心绿地设置规定

中心绿地名称	设　置　内　容	要　　　求	最小规模/hm²
居住区公园	花木草坪、花坛水面、凉亭雕塑、小卖店、茶座、老幼设施、停车场地和铺装地面等	园内布局应有明确的功能划分	1.00
小游园	花木草坪、花坛水面、雕塑、儿童设施和铺装地面等	园内布局应有一定的功能划分	0.40
组团绿地	花木草坪、桌椅、简易儿童设施等	灵活布局	0.04

3. 提高绿化覆盖率

根据植物学研究，一个地区的植被覆盖率至少应在 30% 以上，才能起到改善气候的作用。研究表明：城市绿化覆盖率低于 37% 时，对气温的改善不明显，理想的绿化覆盖面积最好能达到 40% 以上，如果市区普遍达到 50% 的绿化覆盖率，夏季的酷热可望根本改变。地矿部 1991～1992 年进行的"武汉城市热环境遥感方法及应用研究"表明，绿化覆盖率达到 37.38% 时，植物蒸腾所耗热能高于本身所获得太阳辐射能量，不足部分来自于周围热能，这说明绿化覆盖率大于 37.38% 时，可以从周围环境吸收热量，从而达到降低环境温度、改善小气候的效果。

4. 平衡氧碳比例

根据国外的实验报告，住区每人有 10m² 森林或 25m² 草坪就可以自动调节空气中二氧化碳与氧气的比例，使空气保持新鲜。在住区中不仅居民呼吸时吸收氧气、呼出二氧化碳，还要因生活燃烧能源等消耗氧气。因此，有人提出人均公园绿地面积应为 30～40m²。北京在 20 世纪 80 年代初进行的实测表明，当绿化覆盖率达到 30% 以上时，二氧化碳的瞬时浓度呈直线有规律地下降；当绿化覆盖率达到 50% 时，二氧化碳在空气中的正常含量为 3.2×10^{-4}。《北京城市园林绿化生态效益研究》中提出，居住区人均绿化面积应不少于 9.46m²，以满足呼吸和生活用氧与二氧化碳的平衡。

与多数国外住区相比，我国的绿地指标明显偏低，但由于我国地少人多，过多增加绿化用地不现实。必须通过改善种植结构、提高绿化覆盖率来改善住区环境，创造空气清新、环境优美、居住宜人的居住环境。

第三节　景观规划设计

一、居住小区中景观组织的功能与作用

(一) 景观的概念

景观一词在汉语中是指某地区或某种类型的自然景色和人工创造的景色。从其英文单词的结构来看，景观是 land＋scape，可见它与人们栖息的土地密切相关，同时由于景观与人类的生活实践相关联，因此也可以将景观理解为人与自然的共同作品。

从景观相关学科的长久发展历程来看，对景观可以有两种不同的理解方式，一是表示风景（所见之物），二是表示自然与人类之和（所居之处）。在现代景观生态学来看，将景观理解为景与观的统一体，更符合人类与生存环境主客体统一的观念。这种概念是从建筑学及风景园林学科中的"风景"、"景观"概念发展而来的，意指审美的环境（景）及含有审美的视觉观察（观）。

城市景观是一种兼有自然景观与人工景观的人文景观，是一个复杂的综合体。住区作为构成城市的基本子细胞，也包含了自然景观和人工景观。也就是说，住区中不但包含狭义的"景"，还包含居民对"景"的感知结果"观"，以及人在"景"中实现"观"的过程即居住生活。

（二）居住小区中景观组织的目的与作用

居住小区进行景观规划设计的目的是通过物质空间的规划设计，来满足居民持续发展的社会生活的需求，促进居民形成稳定的地缘关系和邻里网络，让居民对住区产生认同与归属感。在住区中存在着居住景观系统的客观基础——人工物与自然，以及在基础上升华而来的主客体关系——人与环境＋人与人。在居住小区中进行景观系统组织的主要目的和作用，就是通过物质手段达到景观完整，从而追求生态连续、多元共生的环境与社会目标。

在进行居住小区的景观规划设计时，应坚持以下原则。

（1）坚持社会性原则。赋予环境景观亲切宜人的艺术感召力，通过美化生活环境，体现社区文化，促进人际交往和精神文明建设，并提倡公共参与设计、建设和管理。

（2）坚持经济性原则。顺应市场发展需求及地方经济状况，注重节能、节材，注重合理使用土地资源。提倡朴实简约，反对浮华铺张，并尽可能采用新技术、新材料、新设备，达到优良的性价比。

（3）坚持生态原则。应尽量保持现存的良好生态环境，改善原有的不良生态环境。提倡将先进的生态技术运用到环境景观的塑造中去，利于人类的可持续发展。

（4）坚持地域性原则。应体现所在地域的自然环境特征，因地制宜地创造出具有时代特点和地域特征的空间环境，避免盲目移植。

（5）坚持历史性原则。要尊重历史，保护和利用历史性景观，对于历史保护地区的住区景观设计，更要注重整体的协调统一，做到保留在先，改造在后。

通过住区景观系统的合理规划组织，建设环境优美、健康的住区环境，从而适应全面建设小康社会的发展要求，满足 21 世纪居住生活水平的日益提高的要求，让广大居民在更舒适、更优美、更健康的居住环境中安居乐业。

（三）居住小区中景观的构成要素

居住小区中的景观构成要素包括以下九大方面：绿化种植景观、道路景观、场所景观、硬质景观、水景景观、庇护性景观、模拟化景观、高视点景观、照明景观。在住区规划设计中，通过将这九大景观构成要素与小区整体规划结构、住宅群体组织模式和居民生活要求相结合，形成居住小区的生态景观系统。

二、公共设施与景观体系的构建

（一）公共设施与景观体系的关系

在住区景观系统的构成要素体系中，场所景观、硬质景观、庇护性景观、高视点景观、照明景观与住区的公共设施系统有着密切的关系。例如，场所景观中的健身运动场、游乐场、休闲广场，硬质景观中的信息标志、雕塑小品，庇护性景观中的亭、廊等，也正是住区公共服务设施系统的重要构成要素。因此，居住小区中的公共设施系统与景观系统是相通的，在两种不同系统的规划设计中，它们所面对的设计对象在很多时候是相同的，只是在具体的设计内容和解决方法上有所差异。公共设施系统更注重解决居民使用的功能、布局问题，而景观系统则着重于解决人们使用时审美和精神层面的感受的问题。

（二）设计要素

住区景观体系中与公共服务设施相关联的构成要素包括以下四大方面的设计要素体系。

（1）场所景观：具体包括健身运动场、游乐场、休闲广场等。

（2）硬质景观：具体包括便民设施、信息标志、栏杆/扶手、围栏/栅栏、挡土墙、坡道、台阶、种植容器、入口造型、雕塑小品等。

（3）庇护性景观：具体包括亭、廊、棚架、膜结构等。

（4）高视点景观：包括住区中各种铺地、建筑、小品等的图案、色块、屋顶、色彩、层次、密度、阴影、轮廓等。

（5）照明景观：包括住区中的车行照明、人行照明、场地照明、安全照明、特写照明、装饰照明等。

（三）规划设计要求

在形成公共设施与景观系统的体系时，应当根据各要素体系的具体情况，在设计中满足以下要求。

1. 场所景观体系的设计要求

居住小区中场所景观包含健身运动场、游乐场、休闲广场。

其中健身运动场多指网球场、羽毛球场、门球场和室内外游泳场，这些运动场应按其技术要求由专业人员进行设计。位置布局应分散在住区方便居民就近使用又不扰民的区域，并且不允许有机动车和非机动车穿越运动场地。健身运动场应保证有良好的日照和通风，地面宜选用平整防滑适于运动的铺装材料，同时满足易清洗、耐磨、耐腐蚀的要求。室外健身器材要考虑老年人的使用特点，要采取防跌倒措施。健身运动场的休息区宜种植遮阳乔木，并设置适量的座椅，有条件的小区可设置直饮水装置（饮泉）。

休闲广场应设于住区的人流集散地（如中心区、主入口处），形式宜结合地方特色和建筑风格考虑。广场上应保证大部分面积有日照和遮风条件。广场周边宜种植适量遮阴树和休息座椅，为居民提供休息、活动、交往的设施，在不干扰邻近居民休息的前提下保证适度的灯光照度。广场铺装以硬质材料为主，形式及色彩搭配应具有一定的图案感，不宜采用无防滑措施的光面石材、地砖、玻璃等。并要求广场出入口应符合无障碍设计要求（见图6-24）。

图6-24　北京方庄芳城园小区游园广场

儿童游乐场应该在景观绿地中划出固定的区域，一般均为开敞式。游乐场地必须阳光充足，空气清洁，能避开强风的袭扰。场地应与住区的主要交通道路相隔一定距离，减少汽车噪声的影响并保障儿童的安全。游乐场的选址还应充分考虑儿童活动产生的嘈杂声对附近居民的影响，离开居民窗户 10m 远为宜。游乐场周围不宜种植遮挡视线的树木，保持较好的可通视性，便于成人对儿童进行目光监护。游戏设施的选择应能吸引和调动儿童参与游戏的热情，兼顾实用性与美观。色彩可鲜艳，但应与周围环境相协调。游戏器械选择和设计应尺度适宜，避免儿童被器械划伤或从高处跌落，可设置保护栏、柔软地垫、警示牌等（见图6-25）。

图 6-25　上海万科小区儿童游乐场

2. 硬质景观体系的设计要求

硬质景观体系包括便民设施、信息标志、栏杆/扶手、围栏/栅栏、挡土墙、坡道、台阶、种植容器、入口造型、雕塑小品等。其中，雕塑小品、便民设施、信息标志、围栏/栅栏、入口造型是住区环境中标志性较强、在生活中受居民关注较多的要素。

住区中的雕塑小品应当与周围环境共同塑造出一个完整的视觉形象，同时赋予景观空间环境以生气和主题，通常以其小巧的格局、精美的造型来点缀空间，使空间诱人而富于意境，从而提高整体环境景观的艺术境界（见图6-26）。雕塑在布局上一定要注意与周围环境的关系，恰如其分地确定雕塑的材质、色彩、体量、尺度、题材、位置等，展示其整体美、协调美。应配合住区内建筑、道路、绿化及其他公共服务设施而设置，起到点缀、装饰和丰富景观的作用。特殊场合的中心广场或主要公共建筑区域，可考虑主题性或纪念性雕塑。

住区便民设施包括有音响设施、自行车架、饮水器、垃圾容器、座椅（具）以及书报亭、公用电话、邮政信报箱等。便民设施应容易辨认，其选址应注意减少混乱且方便易达。在住区内，宜将多种便民设施组合为一个较大单体，以节省户外空间和增强场所的视景特征。如垃圾容器一般设在道路两侧和居住单元出入口附近的位置，其外观色彩及标志应符合垃圾分类收集的要求。座椅（具）是住区内提供人们休闲的不可缺少的设施，同时也可作为重要的装点景观进行设计。应结合环境规划来考虑座椅的造型和色彩，力争简洁适用。室外座椅（具）的选址应注重居民的休息和观景。材料多为木材、石材、混凝土、陶瓷、金属、塑料等，应优先采用触感好的木材，木材应做防腐处理，座椅转角处应做磨边倒角处理（见

(a)   (b)

图 6-26 深圳蔚蓝海岸雕塑小品

(a)   (b)

图 6-27 深圳富怡雅居便民设施

图 6-27)。

 住区的信息标志可分为 4 类：名称标志、环境标志、指示标志、警示标志。布置位置应醒目，且不对行人交通及景观环境造成妨害。各种标志应确定统一的格调和背景色调以突出物业管理形象（见图 6-28）。

 围栏、栅栏具有限入、防护、分界等多种功能，立面构造多为栅状和网状、透空和半透空等几种形式。围栏一般采用铁制、钢制、木制、铝合金制、竹制等。

 住区入口空间形态应具有一定开敞性，入口标志性造型（如门廊、门架、门柱、门洞等）应与住区整体环境及建筑风格相协调，避免盲目追求豪华和气派。应根据住区规模和周围环境特点确定入口标志造型的体量尺度，达到新颖简单、轻巧美观的要求，还要突出装饰性和可识别性。同时要考虑与保安值班用房的形体关系，构成有机的景观组合（见图 6-29）。

 除以上介绍的各种硬质景观要素外，栏杆/扶手、挡土墙、坡道、台阶、种植容器等也是住区中必不可少的配景小饰品，在景观规划中，既要满足功能要求，又要从美学要求

<table>
<tr><td>图 6-28　苏州工业园新城花园小区标志</td><td>图 6-29　深圳蔚蓝海岸组团入口</td></tr>
</table>

方面达到与住区整体环境的统一协调。

　　3. 庇护性景观体系的设计要求

　　住区中的庇护性景观包括亭、廊、棚架、膜结构等具体要素。它们是住区中重要的交往空间，是居民户外活动的集散点，既有开放性，又有遮蔽性。它们在住区中既是居民活动必不可少的公共场所，又是景观系统重要的组景要素，在进行规划设计时，应邻近居民主要步行活动路线布置，易于通达，并作为一个景观点在视觉效果上加以认真推敲。

　　亭是供人休息、遮荫、避雨的建筑，个别属于纪念性建筑和标志性建筑。亭的形式、尺寸、色彩、题材等应与所在住区景观相适应、协调（见图 6-30）。木制凉亭应选用经过防腐处理的耐久性强的木材。

图 6-30　深圳黄埔雅苑绿地休息亭

　　廊以有顶盖为主，可分为单层廊、双层廊和多层廊。廊具有引导人流，引导视线，连接景观节点和供人休息的功能，其造型和长度也形成了自身有韵律感的连续景观效果。廊与景墙、花墙相结合增加了观赏价值和文化内涵。廊的宽度和高度设定应按人的尺度比例关系加以控制，住区内建筑与建筑之间的连廊尺度控制必须与主体建筑相适应。

　　棚架有分隔空间、连接景点、引导视线的作用，由于棚架顶部由植物覆盖而产生庇护作用，同时减少太阳对人的热辐射。适用于棚架的植物多为藤本植物。如果是有遮雨功能的棚架，可局部采用玻璃和透光塑料覆盖。架下还应设置供休息用的椅凳（见图 6-31）。

图 6-31 深圳富怡雅居庭院棚架

张拉膜结构由于其材料的特殊性，能塑造出轻巧多变、优雅飘逸的建筑形态。作为标志建筑，应用于住区的入口与广场上；作为遮阳庇护建筑，应用于露天平台、水池区域；作为建筑小品，应用于绿地中心、河湖附近及休闲场所。住区内的膜结构设计应适应周围环境空间的要求，不宜做得过于夸张，位置选择需避开消防通道，膜结构的悬索拉线埋点要隐蔽并远离人流活动区。膜结构一般为银白反光色，醒目鲜明，因此要以蓝天、较高的绿树，或颜色偏冷偏暖的建筑物为背景，形成较强烈的对比。前景要留出较开阔的场地，并设计水面，突出其倒影效果。如结合泛光照明可营造出富于想像力的夜景（见图6-32）。

图 6-32 深圳海月花园张拉膜小品

4. 其他景观体系的设计要求

除以上的几种景观体系要素之外，住区中与公共服务设施相关联的构成要素还有高视点景观、照明景观等。

随着住区密度的增加，住宅楼的层数也愈建愈多，居住者在很大程度上都处在由高点向下观景的位置。所以在进行高视点景观设计时，不但要考虑地面景观序列沿水平方向展开，同时还要充分考虑垂直方面的景观序列和特有的视觉效果。高视点景观平面设计强调悦目和形式美，并且视线之内的屋顶、平台（如亭、廊等）必须进行色彩处理遮盖（如盖有色瓦或绿化），改善其视觉效果。基地内的活动场所（如儿童游乐场、运动场等）的地面铺装也要求做色彩处理。

住区室外景观照明的目的主要有 4 个方面：增强对物体的辨别性；提高夜间出行的安全度；保证居民晚间活动的正常开展；营造环境氛围。将照明作为景观素材进行设计，既要符合夜间使用功能，又要考虑白天的造景效果，必须设计或选择造型优美别致的灯具，使之成为一道亮丽的风景线。

应通过以上多种景观体系要素的综合规划设计，并与住区的公共设施系统相辅相成，从满足居民的实际使用和感官享受、心理、精神层面的需求出发，系统地构建起住区公共设施与景观体系。

三、公共绿地与景观体系的构建

（一）公共绿地与景观体系的关系

在住区的四大功能系统中，绿化系统是美化环境、带给人精神享受的重要景观要素。反映在景观系统中，可以划分为以下三种景观构成要素：绿化种植景观、水景景观和模拟化景观，由它们共同构成了住区的公共绿地与景观体系。

（二）设计要素

住区公共绿地与景观体系的具体设计要素如下。

（1）绿化种植景观：包括植物配置、宅旁绿地、隔离绿地、架空层绿地、平台绿地、屋顶绿地、绿篱设置、古树名树保护。

（2）水景景观：包括自然水景——驳岸、景观桥、木栈道；泳池水景；景观用水；庭院水景——瀑布、溪流、跌水、生态水池/涉水池；装饰水景——喷泉、倒影池。

（3）模拟化景观：包括假山、假石、人造树木、人造草坪、枯水。

（三）规划设计要求

1. 绿化种植景观体系的设计要求

在进行绿化景观组织时，要充分发挥植物的各种功能和观赏特点，合理配置，常绿与落叶、速生与慢生相结合，构成多层次的复合生态结构，达到人工配置的植物群落自然和谐；对植物品种的选择要在统一的基调上力求丰富多样；同时还要注重种植位置的选择，以免影响室内的采光通风和其他设施的管理维护。通常适用住区种植的植物分为六类：乔木、灌木、藤本植物、草本植物、花卉及竹类。在植物的组织搭配方面，不仅要注意平面上的合理性和美观要求，同时应注意植物作为三维空间的实体，应以各种方式交互形成多种空间效果来实现居住环境的丰富变化。进行植物配置时应遵循一定的原则：要适应绿化的功能要求，适应所在地区的气候、土壤条件和自然植被分布特点，选择抗病虫害强、易养护管理的植物。

具体到不同种类的绿化景观要素来讲，在进行绿篱设置时，应起到组成边界、围合空间、分隔和遮挡场地的作用，也可作为雕塑小品的背景。绿篱以行列式密植植物为主，分为整形绿篱和自然绿篱。整形绿篱常用生长缓慢、分枝点低、枝叶结构紧密的低矮灌乔木，适合人工修剪整形（见图6-33）。而自然绿篱选用植物体量则相对较高大。

(a) 深圳富怡雅居　　　　　　　　　　　　　　　　　(b) 深圳海月花园

图 6-33　整形绿篱实例

宅旁绿地贴近居民，特别具有通达性和实用观赏性。宅旁绿地的种植应考虑建筑物的朝向，如在华北地区，建筑物南面不宜种植过密，以致影响通风和采光。在近窗不宜种高大灌木；而在建筑物的西面，需要种高大阔叶乔木，对夏季降温有明显的效果。宅旁绿地还应设计方便居民行走及滞留的适量硬质铺地，并配植耐践踏的草坪（见图6-34）。

(a) 深圳翠海花园　　　　　　　　　　　　　　　(b) 深圳四季花城

图 6-34　宅旁绿地实例

为保证居住环境的安静、舒适、健康，必须设置一定的隔离绿化。如道路两侧应栽种乔木、灌木和草本植物，以减少交通造成的尘土、噪声及有害气体，有利于沿街住宅室内保持安静和卫生。行道树应尽量选择枝冠水平伸展的乔木，起到遮阳降温作用。在公共建筑与住宅之间应设置隔离绿地，多用乔木和灌木构成浓密的绿色屏障，以保持住区的安静，住区内的垃圾站、锅炉房、变电站、变电箱等欠美观的地方也可用灌木或乔木加以隐蔽。如图 6-35 所示。

图 6-35　行道树布置实例——深圳鹿丹小区

　　在我国南方，住宅底层多架空来适用于炎热潮湿的气候，这种建筑造型特点有利于居住院落的通风和小气候的调节，方便居住者遮阳避雨，并起到绿化景观的相互渗透作用。架空层内宜种植耐阴性的花草灌木，局部不通风的地段可布置枯山水景观。

　　平台绿化一般要结合地形特点及使用要求设计，要把握"人流居中，绿地靠窗"的原则，将人流限制在平台中部，以防止对平台首层居民的干扰，绿地靠窗设置，并种植一定数量的灌木和乔木，减少户外人员对室内居民的视线干扰。

　　建筑屋顶绿地分为坡屋面和平屋面绿化两种，应根据生态条件种植耐旱、耐移栽、生命力强、抗风力强、外形较低矮的植物。坡屋面多选择贴伏状藤本或攀缘植物。平屋顶以种植观赏性较强的花木为主，并适当配置水池、花架等小品，形成周边式和庭园式绿化（见图6-36）。

图 6-36　深圳海月花园平台绿化

　　住区中的室外停车场一定要进行绿化种植，以避免大面积的硬质铺地在夏季产生强烈的辐射热（见图 6-37）。

图 6-37　室外停车场绿化实例

此外对住区中的古树名木要进行保护。因为古树名木是人类的财富，也是国家的活文物，如果新建、改建、扩建的建设工程影响古树名木生长的，建设单位必须提出避让和保护措施。在绿化设计中要尽量发挥古树名木的文化历史价值的作用，丰富环境的文化内涵。

2. 水景景观体系的设计要求

水体是大自然中最富灵性的自然景观，人类天生就具有强烈的亲水性，所以在住区中设计水景景观，可以形成生机活泼的居住环境。水景景观以水为主，设计应结合场地气候、地形及水源条件。南方干热地区应尽可能为住区居民提供亲水环境，北方地区在设计不结冰期的水景时，还必须考虑结冰期的枯水景观。

水景景观中包括自然水景，设计时必须服从原有自然生态景观、自然水景线与局部环境水体的空间关系，正确利用借景、对景等手法，充分发挥自然条件，形成纵向景观、横

图 6-38　深圳鸿瑞花园自然水景

向景观和鸟瞰景观，融合住区内部和外部的景观元素，创造出新的亲水的居住形态。自然水景的构成元素包括驳岸、景观桥、木栈道。它们与水体相结合，既可以形成交通跨越点，又是地区标志物和视线集合点，还是眺望河流和水面的良好观景场所和居民行走、休息、观景和交流的多功能场所。如图 6-38 所示。

庭院水景通常为人工化水景。根据庭院空间的不同，采取多种手法进行引水造景（如叠水、溪流、瀑布、涉水池等），在场地中有自然水体的景观要保留利用，进行综合设计，使自然水景与人工水景融为一体，可在庭院中营造瀑布跌水、溪流、生态水池、涉水池等，借助水的动态效果营造充满活力的居住氛围。如图 6-39 所示。

(a)   (b)

图 6-39   人工水景实例——深圳蔚蓝海岸

可以起到较好景观效果的还有装饰水景，它不附带其他功能，起到赏心悦目，烘托环境的作用，这种水景往往构成环境景观的中心。装饰水景通过人工对水流的控制（如排列、疏密、粗细、高低、大小、时间差等）达到艺术效果，并借助音乐和灯光的变化产生视觉上的冲击，进一步展示水体的活力和动态美，满足人的亲水要求。如喷泉、倒影池，一般都是居住空间中的视觉中心。如图 6-40 所示。

图 6-40   深圳蔚蓝海岸喷泉   图 6-41   深圳万科金色家园泳池

在水景景观体系中，居民参与性最强的是可以娱乐的泳池水景。泳池水景以静为主，营造一个让居住者在心理和体能上的放松环境，同时突出人的参与性特征。住区内设置的露天泳池不仅是锻炼身体和游乐的场所，也是邻里之间的重要交往场所，泳池的造型和水面也极具观赏价值。如图6-41所示。

水景景观体系在住区中是良好的景观要素，但对其的管理也是住区生活中的重点。包括景观用水的给水排水、浇灌水方式、水位控制、水体净化等，都是为了保证住区水景水质的景观性（如水的透明度、色度和浊度）和功能性（如养鱼、戏水等），在规划设计和后期维护管理中要十分注意。

3. 模拟化景观体系的设计要求

在住区中，当自然景观组织有一定困难或有特殊的景观要求时，采用模拟化景观也是现代造园手法的重要组成部分。模拟化景观包括假山、假石、人造树木、人造草坪、枯水，它是以替代材料模仿真实材料，以人工造景模仿自然景观，以凝固模仿流动，是对自然景观的提炼和补充，运用得当会超越自然景观的局限，达到特有的景观效果。

通过将住区景观系统中的绿化种植景观、水景景观、模拟化景观和住区公共绿地系统相结合，可以为居民提供与大自然接近的居住外部空间环境，系统的设计和综合、整体的考虑，也十分有利于住区公共绿地与景观体系的构建。

四、道路景观的构建

居住小区中的景观规划应当和小区的整体规划结构相协调。要做到整体的协调统一，首先是要在承担整个小区的骨架结构的道路系统中实现协调统一的要求。因为住区中的各个构成要素均是由主次明确的道路系统相互联系在一起的，不论是公共设施、绿化，还是居住空间，必须通过道路连成一个具有可达性的整体。这就要求住区中的道路系统也应与景观系统相互结合，在道路系统中也能让人感受到住区的景观性，形成一定的道路景观。

（一）道路景观的构成要素

住区中的道路景观的构成要素包括：机动车道、步行道、路缘、车档、缆柱等。

（二）规划设计要求

住区中的道路是车辆和人员的汇流途径，具有明确的导向性，因此道路两侧的环境景观应符合导向要求，并达到步移景移的视觉效果。道路边的绿化种植及路面质地色彩的选择应具有韵律感和观赏性。在满足交通需求的同时，道路可形成重要的视线走廊，因此，要注意道路的对景和远景设计，以强化视线集中的观景。休闲性人行道、园道两侧的绿化种植，要尽可能形成绿阴带，并串联花台、亭廊、水景、游乐场等，形成休闲空间的有序展开，增强环境景观的层次。此外当住区内的消防车道占人行道、院落车行道合并使用时，可在4m幅宽的消防车道内种植不妨碍消防车通行的草坪花卉，铺设人行步道，平日作为绿地使用，应急时供消防车使用，有效地弱化了单纯消防车道的生硬感，提高了环境和景观效果。如图6-42所示。

道路系统应满足规范要求的道路宽度、道路及绿地最大坡度等要求，同时不同的道路和场地路面应当采用不同的、与使用功能相适应的铺砌材质。还应当注意布置一些有利于住区交通安全和环境安静的细节处理，如设置路缘石及边沟，路缘石可以确保行人安全，进行交通引导，保持水土，保护种植，区分路面铺装，边沟用于道路或地面排水。在一些限制机动车进入的区域，如邻里生活院落内或步行林阴道、儿童活动场地等处，还可以设置道路车档、缆柱，它们是限制车辆通行和停放的路障设施，其造型设置、地点应与道路

图 6-42　深圳雍华府休闲道路

图 6-43　上海三林安居苑车档

的景观相协调。如图 6-43 所示。

　　这样当人们在住区内的各种道路上行进时，就可以体会到住区整体景观设计的统一性，可以突出住区的景观特性并给人留下深刻的印象。

参 考 文 献

1 李德华主编. 城市规划原理. 北京：中国建筑工业出版社，2001
2 李哲之，沈继仁，王佩行等编著. 国外住宅区规划实例. 北京：中国建筑工业出版社，1981
3 吕俊华，彼得·罗，张杰等编著. 1840～2000 中国现代城市住宅. 北京：清华大学出版社，2003
4 [波] W. 奥斯特罗夫斯基著. 现代城市建设. 冯文炯，陶吴馨，刘德明译. 北京：中国建筑工业出版社，1986
5 [英] W. 鲍尔著. 城市的发展过程. 倪文彦译. 北京：中国建筑工业出版社，1981
6 武汉建筑材料工业学院，同济大学，重庆建筑工程学院. 城市道路与交通. 北京：中国建筑工业出版社，1981
7 "居住区详细规划"课题组编. 居住区规划设计. 北京：中国建筑工业出版社，1985
8 周俭编. 城市住宅区规划原理. 上海：同济大学出版社，1999
9 中国城市住宅小区建设试点丛书编委会. 规划设计篇. 北京：中国建筑工业出版社，1994
10 李星万，叶丽璨编著. 社会学基础. 长沙：湖南人民出版社，1987
11 朱家瑾编著. 居住区规划设计. 黄光宇主审. 北京：中国建筑工业出版社，2000
12 王文卿编著. 城市汽车停车场（库）设计手册. 北京：中国建筑工业出版社，2002
13 朱建达编著. 当代国内外住宅区规划实例选编. 北京：中国建筑工业出版社，1996
14 白德懋. 居住区规划与环境设计. 北京：中国建筑工业出版社，1993
15 [美] 约翰 M. 利维著. 现代城市规划. 张景秋等译. 北京：中国人民大学出版社，2003
16 [苏] A. B. 布宁，T. Φ. 萨瓦连斯卡娅著. 城市建设艺术史——20 世纪资本主义国家的城市建设. 黄海华译. 王仲谷校. 北京：中国建筑工业出版社，1992
17 建筑规划·设计译丛编委会编著. 集合住宅小区. 王宝刚，张泉，郭晓明译. 北京：中国建筑工业出版社，2001
18 [英] P.. 霍尔著. 城市和区域规划. 邹德慈. 金经元译. 北京：中国建筑工业出版社，1985
19 [丹麦] 杨·盖尔著. 交往与空间. 何人可译. 北京：中国建筑工业出版社，1992
20 王彦辉著. 走向新社区——城市居住社区整体营造理论与方法. 北京：中国建筑工业出版社，1992
21 赵民，赵蔚编著. 社区发展规划——理论与实践. 北京：中国建筑工业出版社，2003
22 全国城市规划执业制度管理委员会编. 城市规划原理. 北京：中国建筑工业出版社，2000
23 林秉贤著. 社会心理学. 北京：群众出版社，1985
24 黄晓鸾编著. 居住区环境设计. 北京：中国建筑工业出版社，1996
25 方咸孚，李海涛编著. 居住区的绿化模式. 天津：天津大学出版社，2001
26 金俊著. 理想景观——城市景观空间的系统建构与整合设计. 南京：东南大学出版社，2003
27 安东尼·吉登斯（Anthony Giddens）著. 社会学（第四版）. 赵旭东，齐心，王兵等译. 刘琛，张建忠校译. 北京：北京大学出版社，2003
28 邓述平，王仲谷主编. 居住区规划设计资料集. 北京：中国建筑工业出版社，1996
29 香港日瀚国际文化有限公司编. 深圳特色楼盘. 天津：天津大学出版社，上海：上海辞书出版社，2003
30 张勇编著. 深圳经典小区 1、2. 北京：中国建筑工业出版社，2002
31 '96 上海住宅设计国际交流活动组委会. 上海住宅设计国际竞赛获奖作品集. 北京：中国建筑工业出版社，1997
32 中国建设部科学技术司. 中国小康住宅示范工程集萃. 北京：中国建筑工业出版社，1997
33 国家住宅与居住环境工程中心. 健康住宅建设技术要点. 2004 年版. 北京：中国建筑工业出版社，2004
34 建设部住宅产业化促进中心. 绿色生态住宅小区建设技术要点与技术导则
35 城市居住区规划设计规范. GB 50180—93. 2002 年版. 北京：中国建筑工业出版社，2002
36 住宅设计规范. GB 50096—1999. 2003 年版. 北京：中国建筑工业出版社，2003
37 城市道路和建筑物无障碍设计规范. JGJ 50—2001，J114—2001. 北京：中国建筑工业出版社，2001
38 居住区环境景观设计导则. 试行稿. 2004
39 中华人民共和国建设部网站 http：//www. cin. gov. cn
40 中国残疾人联合会网站 http：//www. cdpf. org. cn